I. Einleitung.

Bei dem Studium der Einwirkung des Lichtes auf das Verhalten der Spaltöffnungen hat man sich bisher vorwiegend auf Untersuchungen im weißen Licht beschränkt. Sofern Experimente mit bestimmten Spektralbezirken ausgeführt wurden, die sich hauptsächlich auf die Transpiration bezogen, sind zur Herstellung der betreffenden Bezirke gefärbte Flüssigkeiten in Cüvetten und Sachsschen doppelwandigen Glocken oder gefärbte Gläser verwendet worden. Da hierbei nur unscharf begrenzte, breite Farbbezirke des Spektrums zur Verwendung gelangten, blieben exakte Untersuchungen in reinen, möglichst engen Spektralgebieten noch auszuführen.

In der vorliegenden Arbeit sollen die Zusammenhänge zwischen bestimmten Spektralbezirken bekannter Intensitäten und den stomatären Öffnungsweiten untersucht werden. Es wurden zu diesem Zwecke Untersuchungen über das Wirkungsverhältnis der einzelnen Spektralbezirke auf den Öffnungszustand vorgenommen.

Die Ansichten über das Wesen der Lichtreaktion sind bis heute geteilt. In der Literatur sind verschiedene Meinungen, die einander zum Teil widersprechen, vertreten. So wird die stomatäre Bewegung von einem Teil der Autoren auf *assimilatorische Vorgänge* zurückgeführt; weiterhin sucht man sie als einen *Reizvorgang* zu deuten und führt sie auch auf *Permeabilitätsveränderungen* zurück. — In neuerer Zeit glaubt man, dem Problem auf dem Wege über die *Enzyme* näher zu kommen. — Wenn auch der Einfluß des Lichtes auf die stomatären Bewegungen allgemein erwiesen ist, so können die Beziehungen der Reaktionen zu diesem doch nur durch Bestrahlungen mit monochromatischen Bezirken quantitativ untersucht werden.

Die ersten Versuche in dieser Richtung haben DEHÉRAIN (1869), WIESNER (1876), KOHL (1895) und F. DARWIN (1898) ausgeführt. DEHÉRAIN (1869) findet in den für unser Auge am hellsten erscheinenden Bezirken, im gelben und gelbgrünen Teil des Spektrums, Maxima der Wirksamkeit auf die Öffnungsbewegung. — WIESNER (1876) ist bestrebt, die Ekrane, in denen sich die Farblösungen befinden, auf die gleiche Helligkeit für sein Auge einzustellen. Er verdünnt die Flüssigkeiten derart, daß ein Karnies eines gegenüberliegenden Hauses, das durch sie betrachtet wird, nicht mehr deutlich sichtbar ist. Daß diese Art der Einstellung außer großen subjektiven Fehlern (wie z. B. Ermüdungserscheinungen des Auges, Helligkeitswert für unser Auge) gar keinen Anhalt über die durchgelassene Energie gibt, ist ohne weiteres klar. Seine Ergebnisse, die Maxima im Rot und Blau darstellen, haben nicht den Charakter quantitativer Bestimmungen. — Die Versuche KOHLS (1895) mit dem Spektrophor zeigen, daß zwischen den Absorptionsgebieten B und C ein Maximum der Öffnung und im kurzwelligen Teil des Spektrums zwischen F- und Uviolett ein zweiter Öffnungsbereich liegt, der geringere Weiten als der erstgenannte zeigt. Nach seiner Meinung sind die ultravioletten, violetten, grünen, gelben und infraroten Bezirke unwirksam. — Die These von der starken Öffnungstendenz in Rot wird durch F. DARWINS (1898) Versuche bekräftigt. DARWIN verwendet spektral zerlegtes Licht; er findet im kurzwelligen Teil kein zweites Maximum.

Bei allen Versuchen mit spektral zerlegtem Licht ist die Intensität des auf das Objekt auffallenden Lichtes proportional der des im betreffenden Spektralbezirke emittierten Lichtes, also abhängig von der Lichtquelle. Das würde der Fall sein bei Verwendung eines Spektrophors (REINKE), durch den die Wirkung verschiedener Dispersion der verschiedenen Qualitäten ausgeglichen wird. Bei Arbeiten mit einfach spektralem Licht kommt noch die relative Schwächung der stärker brechbaren Strahlen dazu.

LLOYD (1908) arbeitet mit Lösungen von Kaliumbichromat und Cuprammon, die in Cüvetten gefüllt sind. Er gibt als Begrenzung der von ihm verwendeten Bezirke 540—700 mμ bzw. 480—420 mμ an. Ein Intensitätsvergleich wird von ihm nicht angestrebt. Er findet hinter beiden Filtern eine Öffnungstendenz, wobei die in Rot stärker ist. — Die Untersuchungen von COMES (1880), NOBBE (1881) und HENSLOW (1886), die wie diejenigen von WIESNER hinter Cüvetten mit Farblösungen ausgeführt sind, ergeben eine Öffnungstendenz im kurzwelligen Teil.

SCHWENDENER (1881) schließt aus dem Chlorophyllgehalt der Schließzellen auf deren Fähigkeit, allein durch Assimilation den Turgor zu ändern und somit die Spaltweite zu steuern. Ein Überwiegen der Wirkung in Rot und Blau gegenüber Grün würde für eine Beteiligung der *assimilatorischen Wirkung* des Lichtes sprechen, wie SCHWENDENER auf Grund des Chlorophyllgehaltes vermutet.

(Aus dem Botanischen Institut der Universität Leipzig)

Untersuchungen über die Zusammenhänge zwischen stomatärer Öffnungsweite und bekannten Intensitäten bestimmter Spektralbezirke

Inaugural-Dissertation

zur Erlangung der Doktorwürde
der Hohen Philosophischen Fakultät
der Universität Leipzig

vorgelegt von

Kurt W. Paetz
aus Plauen

Springer-Verlag Berlin Heidelberg GmbH 1930

Angenommen von der mathematisch-naturwissenschaftlichen Abteilung der Philosophischen Fakultät auf Grund der Gutachten der Herren
RUHLAND und MEISENHEIMER

Leipzig, den 21. Januar 1930.

RUHLAND
d. Z. Dekan
der mathematisch-naturwissenschaftlichen
Abteilung der Philosophischen Fakultät

Sonderabdruck aus
„Planta", Archiv für wissenschaftliche Botanik
Bd. 10, Heft 4

ISBN 978-3-662-39073-3   ISBN 978-3-662-40054-8 (eBook)
DOI 10.1007/978-3-662-40054-8

IWANOFF u. THIELMANN (1923) weisen bereits darauf hin, daß z. B. die infraroten Strahlen, die ein Filter passieren, infolge der Unempfindlichkeit unseres Auges für diesen Bezirk bei einem Helligkeitsvergleich zweier Filter unberücksichtigt bleiben. Die Widersprüche, die sich in den Resultaten der verschiedenen Autoren finden, lassen außer einer genauen Dosierung der Intensität noch eine möglichst enge Begrenzung der Spektralbezirke erforderlich erscheinen. IWANOFF u. THIELMANN erfüllen diese Bedingungen, indem sie das Licht spektral zerlegen und die Intensität mit Hilfe thermo-elektrischer Galvanometerablesungen bestimmen. Sie stellen eine Transpirationserhöhung in Rot und Blau fest, wobei die in Blau etwas größer ist.

Bei Untersuchungen der stomatären Reaktionen im weißen Licht an *Vaccinium myrtillus* findet LINSBAUER (1916) ein Belichtungsoptimum und deutet die Bewegungen der Stomata als *Reizvorgänge*. Ein derartiges Lichtoptimum stellt LEITGEB bereits 1886 fest. Bei beiden Forschern sind keine Angaben über die Feuchtigkeitsverhältnisse zu finden, und infolgedessen sind die Schlüsse besonders kritisch zu betrachten.

Die bereits von LLOYD (1908) gemachte Beobachtung über Auftreten und Verschwinden von Stärke in den Chloroplasten geschlossener und offener Schließzellen veranlaßte ILJIN (1914) und später STEINBERGER (1920) zu plasmolytischen Untersuchungen, die ergaben, daß der osmotische Wert bei Grenzplasmolyse in Schließzellen geöffneter Spalten bedeutend höher ist als in denen geschlossener. Diese Beziehung ist von STÅLFELT (1927) in folgender Gleichung allgemein gefaßt:

$$\text{osmotisch unwirksamer Stoff} \xrightleftharpoons[\text{(Dunkel)}]{\text{(Licht)}} \text{osmotisch wirksamer Stoff}.$$

Hierbei gibt der Autor keinen speziellen Hinweis auf eine Zucker-Stärkebilanz. Das Wesentliche an der Reaktion ist die Turgorveränderung und die Reversibilität des Bewegungsvorganges. — Über die Turgorverhältnisse sei noch ein Ergebnis von WIGGANS (1921) angeführt. Er sagt: „ ... that there is a difference between the osmotic concentration of the guard-cells of the stomata and that of the other epidermal cells, when the stomata are open, ... the concentration in the guard cells increases in the early hours and decreases in the afternoon." — ILJIN (1915—1925) vermutet einesteils eine Beeinflussung der Diastasewirkung bei der Stärkehydrolyse durch das Licht, andernteils eine physiko-chemische Stimulierung derselben auf Grund seiner Untersuchungen mit Natrium-, Kalium- und Calciumsalzen.

KISSELEW (1925) lehnt die Bedeutung des diastatischen Prozesses für stomatäre Bewegungen nicht ab, er hält ihn jedoch für eine sekundäre Erscheinung, welche die Amplitude der Bewegung vergrößert und einen bestimmten Zustand der Stomata befestigt. Nach seiner Meinung wird der Beginn der stomatären Veränderungen durch *Änderungen der Permeabilität* in den Schließzellen hervorgerufen.

Daß die Schließzellen in ihrem Chemismus gegenüber den übrigen Zellen starke Unterschiede aufweisen, geht aus den Beobachtungen aller Autoren hervor, die in dieser Richtung Untersuchungen angestellt haben. So beobachtete schon LEITGEB (1888) eine auffallende Widerstandsfähigkeit gegen höhere Wärmegrade an den Stomata der Epidermis einer Blüte von *Galtonia candicans*, die noch nach 1 Minute langem Eintauchen in Wasser von 53^0 C reaktionsfähig waren. Er beobachtet weiter eine große Widerstandsfähigkeit gegen Fäulnis. An abgeschnittenen, feucht gehaltenen Blättern, die bereits verfault sind, zeigen sich die Schließzellen noch turgeszent und lebend. MOLISCH (1879) berichtet über die Kälteresistenz der Schließzellen, daß sie Temperaturen von $—6^0$ bis $—7^0$, bei *Nicotiana tabacum* sogar $—12^0$ ohne Schädigungen aushalten können. Nach den Untersuchungen KINDERMANNs (1902) zeigen die Schließzellen eine Widerstandsfähigkeit gegen verdünnte Säuren, Ammoniak, giftige Dämpfe, wie Alkohol, Äther, Chroroform. KINDERMANN äußert sich selbst folgendermaßen dazu: ,,Zu der Erklärung dieser Tatsache kann man zwei Annahmen machen; entweder liegt die Ursache der großen Widerstandskraft der Schließzellen in der Membran, oder die Beschaffenheit des Plasmas ist eine andere als bei den übrigen Zellen''. Er entscheidet sich für das letztere. Nach Beobachtungen von KLUYVER (1911) werden andere Epidermiszellen durch die Einwirkung von ultravioletten Strahlen zerstört, während Schließ- und Nebenzellen reaktionsfähig und unzerstört bleiben. HAMORACK (1915) weist in der Spaltöffnungsapparatur Gerbsäure nach. Diese Untersuchungen geben bereits ein Bild von dem komplizierten Chemismus im Plasma der Schließzellen. Nach LLOYD (1908) sind auch die Untersuchungen über den Stärkegehalt von verschiedenen Forschern wieder aufgenommen worden. Nach ILJIN (1922) und STEINBERGER (1922) nimmt bei beginnendem Welken und bei Wasserentzug die Stärke in den Schließzellen zu. SAYRE (1923) vertritt die Ansicht, daß die grünen Plastiden der Schließzellen ,,structurally, physiologically and genetically'' verschieden sind von den Chloroplasten des Mesophylls. Seine Ergebnisse liegen in der Richtung der Resultate von SLOGTEREN (1917) und werden von STAHL (1920) bestätigt. Nach beiden Forschern schließen sich die Spalten unter dem Einfluß von Narcoticis (Rauch, Äther); es wird in den Schließzellen also Stärke gebildet, während sonst die Narcotica den Stärke*abbau* fördern, den Aufbau aber hemmen (GRAEFE u. RICHTER 1911, MAIGE 1923). Das eigentümliche Verhalten der Schließzellenstärke wird weiterhin von HAGEN (1916) bestätigt. Er verwendet als Objekte zwei *Tradescantia*-Pflanzen, die eine kultiviert er mehrere Tage in dunkler, die andere in heller CO_2-freier Atmosphäre. Beide Pflanzen zeigen geschlossene oder fast geschlossene

Spalten. Die Schließzellen sind reich mit Stärke angefüllt, die übrigen Gewebe stärkefrei. — Die bisherigen Versuchsergebnisse machten es möglich, die Stärkeanreicherung bei Bestrahlung mit monochromatischem Licht zu kontrollieren. Die Untersuchungen sind nur qualitativer Art, da quantitative Bestimmungen leider infolge der schweren Isolierbarkeit und Kleinheit der einzelnen Schließzellen auch mit Mikromethoden nicht möglich gewesen sind.

Der vorliegenden Arbeit sind bei allen Versuchen mit monochromatischer Belichtung die von BACHMANN (1929) festgestellten Durchlässigkeiten HÜBLscher Gelatinefilter zugrunde gelegt.

II. Methodik.

Als Versuchsmaterial gelangten Vertreter einiger LOFTFIELDscher Typen in Anwendung.

1. Luzernetyp (tags offen, nachts geschlossen), vertreten durch *Tradescantia fluminensis* und *Tradescantia zebrina*.
2. Getreidetyp (tags offen, nachts geschlossen, jedoch bei Wassermangel Dauerverschluß), vertreten durch *Zea Mays*.
3. *Opuntia versicolor*-Typ (nachts offen, tags geschlossen, bei Wassermangel Dauerverschluß), vertreten durch *Opuntia coccinellifera*.

Außerdem experimentierte ich noch mit *Oxalis lasiandra* als einem Vertreter dünnblätteriger Schattenpflanzen. Das hier verwendete Material wurde bezüglich seiner Zugehörigkeit zu dem LOFTFIELDschen Typ nachgeprüft. Zu den LOFTFIELDschen Typen ist noch zu bemerken, daß ihr Verhalten auf Freilandverhältnisse bezogen ist. Der Sumpfpflanzen- und der Kartoffeltyp, die beide durch tags und nachts geöffnete Spalten charakterisiert sind, wurden in dieser Arbeit nicht untersucht, da die Reaktionsgeschwindigkeiten beider Typen nach den Voruntersuchungen stark hinter denen der anderen zurückblieben.

Bei der Auswahl des Materials mußte Rücksicht auf die ober- und unterseitige Verteilung der Spalten an den Blättern genommen werden. Untersuchungen hierüber finden sich bei WEISS (1890), CZECH (1885) und S. ECKERSON (1908). Mit Ausnahme von *Zea Mays* wurden nur Blätter mit unterseitigen Stomata verwendet. Das Material war ausschließlich im Botanischen Garten zu Leipzig kultiviert worden. Die Maispflanzen wurden aus Saatgut der Staatlichen Höheren Landwirtschaftsschule Döbeln gezüchtet, für welches ich an dieser Stelle Herrn Professor Dr. KRANTZ meinen Dank ausspreche. — Alle Versuche wurden mit Topfpflanzen ausgeführt, die nach entsprechenden Vorversuchen hinsichtlich der Reaktionsfähigkeit als gleichwertig zu betrachten sind.

Bei den Versuchen gelangten zwei Methoden zur Anwendung:
1. Die Porometermethode,

2. die Methode direkter Bestimmung der Maße der Spaltöffnungen mit Hilfe von Opakillumination.

Belichtet wurde bei beiden Methoden mit Osram-Nitralampen. Zwischen Lichtquelle und Objekt wurden zur Herstellung monochromatischer Spektralbezirke Farbfilter eingeschaltet, über deren Herstellung und Durchlässigkeiten sich das Nähere bei STEPHAN (1928) und bei BACHMANN (1929) findet. — Da die Wirkung möglichst reiner Spektralbezirke untersucht werden sollte, wurde der größte Teil der ultraroten Strahlen, die bekanntlich die Nitralampe zu einem sehr hohen Prozentsatz ausstrahlt, durch Vorschalten von 3 und 7,5%igen Kupfersulfatlösungen in 2 cm dicker Schicht beseitigt. Die genauen Angaben finden sich bei BACHMANN (1929, Tabelle 14). Um einer Verdunstung und Konzentrationsänderung der Lösungen vorzubeugen, wurden sie mit einer 2 mm dicken Schicht flüssigen Paraffins übergossen. Bei meinen Versuchen war die auf das Versuchsmaterial auffallende Intensität innerhalb meist enger Fehlergrenzen bekannt; am wenigsten sicher sind die Angaben BACHMANNs für die Rotfilter.

Für Untersuchungen im ultraroten Bezirk wurden eine 0,5 mm dicke Ebonitplatte und für die äußersten Teile sichtbaren Rotes die SCHOTTschen Zusatzfilter RG_1, RG_2, RG_5 (2 mm dick) in Kombination mit 3%iger Kupfersulfatlösung in 2 cm Dicke verwendet. Nach Angaben von BECQUEREL (1883) gehen durch eine 0,6 mm dicke Ebonitplatte Strahlen von 0,76—1,8 μ hindurch. KLEBS (1917), URSPRUNG (1918) und STEPHAN (1928) verwendeten zur Untersuchung der Wirkung ultraroter Strahlen ebenfalls Ebonitplatten. Die SCHOTTschen Filter RG_1 und RG_5, mit 3% $CuSO_4$ (sol.) kombiniert, wurden zur Bestimmung der Grenzen im langwelligen Teil verwendet.

Porometermethode.

Diese 1911 von F. DARWIN u. PERTZ veröffentlichte Methode, die bei den Kompensationsversuchen verwendet wurde, ist allgemein bekannt. Das Wesen der Methode besteht darin, daß aus der sogenannten Porometerzeit, in der ein abgemessenes Luftvolumen durch Spaltöffnungen in ein dem Blatt aufgesetztes mit einem Manometer luftdicht verbundenes Glöckchen einströmt, ein Schluß auf den Öffnungszustand der Stomata gezogen werden kann. Diese Porometerzeit, d. h. das Absinken des Wassermeniskus in einer bestimmten Strecke des Manometerrohres, wird mit Hilfe der Stoppuhr festgestellt. — Wegen der Linsenwirkung ist von der üblichen Form der Porometerglöckchen Abstand genommen worden und folgende kamen zur Verwendung: kleine, Sublimationsringen ähnliche Glasringe mit doppelseitig abgeschliffenem Rande und seitlich angeschmolzenem Glasrohr wurden an ihrer oberen Öffnung durch runde Deckgläschen von entsprechender Größe gasdicht abgeschlossen. Die

„Glöckchen" besaßen eine Höhe von 15, 17 und 18 mm, eine Randbreite von 2 bzw. 2,5 mm und einen inneren lichten Durchmesser von 10, 11, 15 und 19 mm. Für gleiche Objekte wurden immer Glöckchen derselben Größe verwendet. — Zum Aufkitten der Glöckchen auf die Blätter wurde Tafelleim benutzt. Die Versuche mit *Opuntia coccinellifera* wurden mit Paraffin als Kittmasse ausgeführt. Keines der in der Literatur angeführten harzigen Klebemittel wurde wegen der Sprödigkeit nach dem Eintrocknen verwendet. Um während des Versuches ein Abgleiten der Glöckchen von Blättern mit einer zarten Lamina zu verhindern, wurden am Ansatzrohr des Glöckchens kleine Kupferblechspangen angebracht, die unter einem gelinden, durch Stellschraube variierbaren Druck das Blatt gegen das Glöckchen preßten.

Die Versuchspflanzen wurden 1½ bis 2 Stunden vor Beginn eines jeden Versuches auf kleinen Tischen (20 ×30 cm²) gebrauchsfertig montiert und bis zum Beginn des Versuches an eine bekannte Lichtqualität

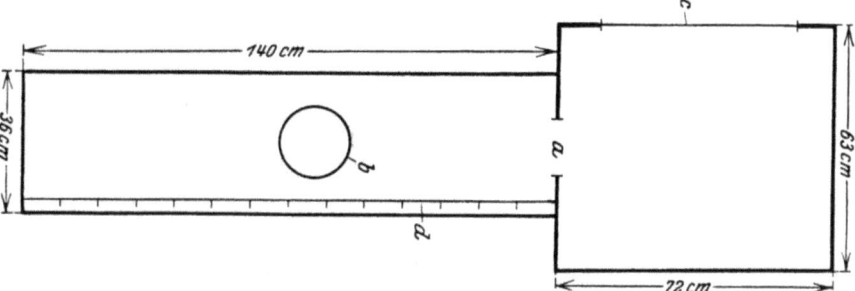

Abb. 1. *Lichtschacht mit Belichtungskammer.* a Filter- und Küvetteneinsatz, b Lichtquelle, c Vorhang, d optische Bank.

und -intensität adaptiert. Diese Vorbelichtung geschah innerhalb einer Belichtungskammer (Abb. 1, 2). Um eine zu starke Strahlenabsorption und Erwärmung der Kammer bei Besonnung zu vermeiden, war sie außen mit weißem Karton verkleidet. Die Exposition erfolgte durch ein Fenster von der Größe 15 ×15 cm² mit Hilfe von Osram-Nitralampen, die im anschließenden Lichtschacht auf einer optischen Bank von 1,40 m Länge montiert werden konnten. Die Einheit dieser Bank ist $a = 12$ cm. In der Höhe der Lampe befand sich im Lichtschacht ein Ventilator, der ein Zuströmen erwärmter Luft in die Kammer verhinderte. An der Vorderwand der Belichtungskammer befand sich eine Öffnung von 50 ×60 cm², durch welche die Objekte in das Innere gesetzt wurden. Während der Versuche war sie durch einen schwarzen lichtdichten Tuchvorhang verschlossen. Im Inneren der Kammer befanden sich zwei mit Wasser gefüllte Waschflaschen, durch die dauernd ein Luftstrom gepreßt wurde. Mit Hilfe dieser Anlage war es möglich, den Feuchtigkeitsgrad der Innenluft beliebig hoch und weiterhin die Luft in dauernder Bewegung zu er-

618   K. W. Paetz: Untersuchungen über die Zusammenhänge zwischen stomatärer

halten. Die Protokolle der Vorversuche, die ohne diese Anlage ausgeführt wurden, lassen die Bedeutung der Einrichtung bei einem Vergleich mit späteren Versuchen erkennen. Durch die dauernde Bewegung der Luft wurde die Bildung der sogenannten ,,Dampfkuppen" auf den Stomata außerhalb des Glöckchens verhindert. Wahrscheinlich ist durch dieses Phänomen, das die anfänglich anomalen Reaktionen bedingte, eine Erklärung für den Ausfall der eben erwähnten Vorversuche gegeben. — Eine besondere Beachtung verdiente der Einfluß der Luftfeuchtigkeit bei dem Typ ,,*Opuntia versicolor*". Hier zeigte sich, daß sich unter unnatürlich hohen Feuchtigkeitsverhältnissen die Reaktionsweise derart änderte, daß geradezu von einer Umwandlung des Typs in einen ,,Luzernetyp" gesprochen werden kann. Die Bedeutung der jeweiligen

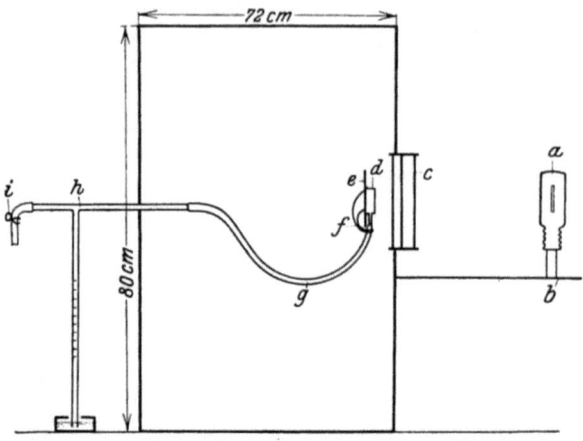

Abb. 2. *Belichtungskammer.* a Lichtquelle, b opt. Bank, c Filter u. Küvetteneinsatz, d Glöckchen, e Blatt, f Feder, g Schlauch, h T-Rohr mit senkr. Skala, i Quetschhahn.

Wasserbilanz für die Entstehung der Bewegungen ist bereits von GRAY and PERTZ (1919), STÅLFELT (1926) und anderen Forschern erkannt und gewürdigt worden. Da diese Tatsache von vielen älteren Untersuchern nicht erwähnt ist, könnte man annehmen, daß hier die Quelle zu manchen Fehlresultaten liegt. Vielleicht sind auch die oben erwähnten DEHÉRAINschen Ergebnisse (1869) in dieser Richtung zu diskutieren.

Mit der Durchlüftungsanlage ist es möglich gewesen, die relative Luftfeuchtigkeit bei einer Durchschnittstemperatur von 23⁰ C auf etwa 70% konstant zu halten. Die Kontrolle erfolgte durch ein LAMBRECHTsches Hygrometer, das vor Gebrauch justiert wurde. Bei Versuchen von langer Dauer wurden, wenn die Feuchtigkeit im Inneren dennoch abzunehmen begann, aufgehängte Tücher durch einen von außen regulierbaren Strahl einer Spritzflasche benetzt. — Die Annahme STÅLFELTS (1926), daß optimale Reaktionen der Stomata nur bei 100%iger Luftfeuchtigkeit auftreten, habe ich keiner Prüfung unterzogen; sie mag wohl für einzelne

Vertreter zutreffen. Im Hinblick auf konstante Versuchsbedingungen ist eine solche Forderung aber ungleich schwerer zu erfüllen, da bei Ausgang von Wasserdampfsättigung das Auftreten eines Sättigungsdefizits, z. B. durch Temperaturerhöhung, viel wirksamer sein dürfte als bei Ausgang von einem an sich schon hohen Sättigungsdefizit. Bei Versuchen mit absoluter Wasserdampfsättigung müßte auf sehr peinliche Weise Temperaturkonstanz gewährleistet sein, was bei Bestrahlungsversuchen ganz unmöglich wäre.

Die Versuche mit dem Porometer wurden in einem dem Institut angegliederten Gewächshaus ausgeführt. Die Beheizung erfolgte durch eine Warmwasseranlage mit Temperaturregulierung (Gasofenheizung). An dieser Stelle soll nicht unerwähnt bleiben, daß die Durchführung einer Versuchsserie mitunter große Zeitopfer benötigte, besonders die Versuche mit *Opuntia* waren wegen der geringen Reaktionsgeschwindigkeit dieses Typs im Wiederholungsfalle zeitraubend. Speziell an diesem Typ zeigte sich die Unverwendbarkeit der selbstregistrierenden Porometer in Einzelversuchen (BALLS 1912, LAIDLAW and KNIGHT 1916). Diese sogenannten „selfrecording porometers" können nur dann erfolgreich angewendet werden, wenn gleichzeitig mehrere parallel laufen; nur aus Versuchskolonnen sind dann durch Vergleich die typischen von den mißlungenen Aufzeichnungen leicht zu unterscheiden.

Zur Kritik der Porometermethode im Vergleich zu den Methoden mikroskopischer Messung ist noch zu sagen, daß sie genauere Vergleichsmittelwerte liefert. Eine Breiten- oder Längenveränderung, die eine Flächenverminderung von beispielsweise 4% herbeiführt, entgeht selbst dem Auge eines geübten Beobachters. Der Nachteil dieser Methode wird durch die Summierung vieler kleiner Einzeleffekte in der Porometermethode eliminiert. Einen zahlenmäßigen Vergleich gestatten die Messungen nach S. ECKERSON (1908). Die Anzahl der Stomata pro Quadratmillimeter bei *Tradescantia zebr.* beträgt im Mittel 14 Stück. Bei einem Areal von 95 mm^2, die das Glöckchen bedeckt, würde das 1330 Stomata entsprechen. Der Reaktionseffekt kann hier also mit etwa 1300facher Vergrößerung gegen die Einzelbeobachtung abgelesen werden.

Opak-Illuminator-Methode.

Die Opakilluminatormethode diente einesteils zur Kontrolle der Ergebnisse, die mit dem Porometer gewonnen wurden, anderenteils stellte sie ein vortreffliches Hilfsmittel zum Studium der Einzelheiten bei den stomatären Bewegungen dar. Die Methode ist in physiologischen Untersuchungen bisher kaum verwendet worden. Nach Abschluß meiner Untersuchungen erschien ein Hinweis von KRASNOSSELSKY-MAXIMOV (1929) auf sie für bequeme und schnelle Messungen von Spaltweiten, und KERL (1929, S. 450) veröffentlicht schon einen dem meinen ähnlichen

Versuch. — Im Gegensatz zur Porometermethode, deren Werte einen nur indirekten und unsicheren Schluß auf den jeweiligen Öffnungszustand gestatten, können wir bei diesem Verfahren die Maße der Spaltapparate mikroskopisch feststellen, ohne an dem Blatt etwas zu verändern (Schnitte anzufertigen usw.). Der hier benutzte Opakilluminator von LEITZ-Wetzlar ist ein Beleuchtungsapparat, der am Mikroskop zwischen Tubus und Objektiv angebracht wird und eine oberseitige Belichtung des Objektes herbeiführt. Zur Beobachtung wurden das kurzgefaßte Objektiv Nr. 7 von LEITZ und das Meßokular mit Trommelskala Leitz Nr. 3 verwendet. — Die bisherigen direkten Messungen an Stomata wurden entweder an fixiertem Alkoholmaterial (LLOYD 1908) oder, was schon einen Fortschritt bedeutet, an lebenden, mit Paraff. liq. beträufelten Blattstückchen ausgeführt (STÅLFELT 1927). STÅLFELT (1927, S. 187) sagt über seine Methode selbst: „Es ist leider schwer, eine Versuchsreihe mit intakten Blättern durchzuführen, weil es unmöglich ist, eine genügende Anzahl von Messungen an jedem Blatte zu erhalten. Das von Paraffinöl bedeckte Gebiet kann nur für eine einzige Messung gebraucht werden, weil das Öl die Bewegungsvorgänge lähmt." — Eine Fixierung mit Alkohol gibt zwar ein sehr gut meßbares Material, aber selbst bei raschester Ausführung kann eine absolute Gewähr für die Identität des Öffnungszustandes der Spalten vor und nach der Fixierung nicht gegeben werden. MOLISCH bezeichnet die Methode einmal als „ebenso gut wie gefährlich". — Die Beobachtung an ausgeschnittenen Blattstückchen unter Paraffin, die STÅLFELT verwendet, ist für längere Expositionen nicht brauchbar, da infolge des gehinderten Gasaustausches zwischen Interzellularen und Außenatmosphäre anomale Verhältnisse entstehen, die leicht zu Fehlergebnissen führen können.

Eine längere Beobachtung der Stomata durch das Mikroskop ist meines Erachtens nur mit einem Trockensystem möglich. Wenn infolge der Blattdicke eine Beleuchtung von unten her nicht zum Ziele führt, kann nur eine Illumination in dem eben besprochenen Sinne Anwendung finden. — Als Lichtquelle wurden 250 und 500 Watt „Osram-Nitralampen für Projektionszwecke" verwendet. Die Strahlen wurden durch einen Kondensor gesammelt und passierten hierauf die Kupfersulfatlösung und ein Filter. Ehe sie in den Tubus des Illuminators gelangten, passierten sie eine Mattscheibe, wodurch eine vollkommen gleichmäßige Helligkeit des Gesichtsfeldes erzeugt wurde. Die Lichtquelle stand in einem Lichtschacht von 120 cm Länge, 40 cm Breite und 70 cm Höhe, an dessen vorderer Schmalseite sich ein Ausschnitt befand, in den Filter und Cüvetten eingeschoben wurden (Abb. 2). Um eine Erwärmung des Lichtschachtes zu verhindern, wurde mittels Ventilators dauernd Luft hindurchgesogen. An dieser Stelle sei bereits erwähnt, daß sich als unwirksames bzw. wenig wirksames Beobachtungslicht der Bezirk des

Grün 1 erwiesen hat. Er wurde deshalb in den meisten Fällen für die Momente der Messungen verwendet. Seltener wurde in dem Licht beobachtet, mit dem die Versuchspflanzen vorbelichtet waren. Damit während der Vorbelichtung möglichst günstige Feuchtigkeitsverhältnisse in der Umgebung der Stomata herrschten, wurde das Blatt hierbei mit einem Sublimationsring versehen, dessen obere Öffnung durch ein Deckglas verschlossen war. Die Temperatur während der Vorbelichtung lag zwischen 19 und 21º C; die relative Feuchtigkeit außerhalb des Glöckchens betrug 70%. Diese Bedingungen sind also vergleichbar mit denen bei der Porometermethode.

Die Bedeutung der Feuchtigkeitsverhältnisse für den Reaktionsverlauf ist bereits von älteren Forschern, wie LEITGEB erkannt und von modernen, z. B. GRAY and PERTZ (1919) und STÅLFELT (1927) bestätigt worden. Um diesen Verhältnissen gerecht zu werden, wurde am Mikroskop die anschließend beschriebene Befeuchtungsanlage eingebaut. — Mit einer Wasserstrahldruckpumpe wurde ein Luftstrom durch eine elektrisch erwärmte Waschflasche mit Wasser von 60º C geblasen. Der Luftstrom sättigte sich mit Wasserdampf und wurde nach Passieren einer Glaskugel von 3 cm Innendurchmesser zwecks Abkühlung bis auf Zimmertemperatur an das Blatt geleitet, das sich unter dem Objektiv befand. Das Objektiv wurde von einem dichtschließenden Glasring von 1,5 cm Höhe umgeben, der ein seitliches Ansatzrohr von 3,5 cm Länge besaß. In dieses Rohr mündete die Luftleitung. Die Regulierung der Luftfeuchtigkeit geschah durch Drosselung des Luftstromes, bis ein bestimmter Blasenstrom die Waschflasche passierte. Eine Taubildung am Objektiv mußte natürlich vermieden werden. Genaue Angaben über die Luftfeuchtigkeit am Objekt sind nicht möglich.

Das zu untersuchende an der Pflanze verbleibende Blatt wurde am Stiel ein wenig gebogen, so daß die Blattunterseite der Frontlinse zugekehrt war. Die Befestigung erfolgte durch kleine Kupferspangen, die am Objekttisch angeklammert waren. — Die Ablesungen im monochromatischen Licht bereiteten anfangs noch einige Schwierigkeiten, da die einzelnen Beobachtungslinien (Außengrenze, Eisodialspalte, Vorhofgrenze, Spaltbegrenzung) nicht alle in der gleichen Ebene lagen; durch Nachstellen der Mikrometerschraube wurden die betreffenden Linien nacheinander gemessen. Die zarte Begrenzung des Spaltendurchganges selbst entzog sich hier besonders leicht der Beobachtung. Nach einiger Übung war es jedoch möglich, einesteils durch die Lage der Schließzellen-Chloroplasten, andernteils durch die Mikrometerskala der Feineinstellung am Mikroskop die Ablesungen mit Sicherheit vornehmen zu können.

Als besonderer Vorteil beider Methoden ist die Tatsache zu erwähnen, daß die Blätter während des Experimentes mit der Pflanze in Verbindung blieben. Dadurch wurden Fehler, die sich aus dem Abschneiden ergaben, ausgeschlossen, z. B. Shockwirkung, mangelnde Wasserversorgung und anomale Turgorverhältnisse.

Zur Berechnung der die Objekte treffenden Beleuchtungsstärke ist noch folgendes zu sagen: Für die Osram-Nitralampen, die bezüglich ihrer Helligkeit mit den verwendeten Filtern gegen eine Hefnerlampe bei richtiger Brennhöhe, mit KAHLBAUMschen Amylacetat gespeist, photometriert wurden, waren folgende Vergleichszahlen, die nicht etwa als emittierte Intensitäten zu betrachten sind, gefunden worden. Für 100 Watt: 65,3; 250 Watt: 308; 500 Watt: 616. Die Werte der Tabelle 1, die die Verhältnisse der Intensitäten in verschiedenen Bezirken und Entfernungen zueinander für die 100 Wattlampe ausdrücken, wurden für die monochromatischen Bezirke mit Hilfe folgender Formel erhalten:

$$\left(\frac{100}{x}\right)^2 \cdot V \cdot \frac{Z}{1000}.$$

wobei x die Entfernung vom Objekt und V die ermittelte Vergleichszahl der betreffenden Lampe, hier 65,3 darstellt; Z ist eine Verhältniszahl, die angibt, wieviel Promille der auffallenden Strahlung des Wellenlängenbereiches 400—700mμ eine bestimmte Filterkombination passieren. Der Quotient $\frac{Z}{1000}$ ist für weißes ungefiltertes Licht $=1$. — Die Werte für Weiß geben dabei ungefähr die Zahl der HK. an, was zum Vergleich mit älteren Arbeiten vielleicht erwünscht ist.

Zur Ermittlung der Grenzen der Wirksamkeit der Strahlen im langwelligen Teil des Spektrums wurden Vorbelichtungen mit den Rotfiltern RG_1, RG_5 und HÜBL-Rot vorgenommen, an die sich Ultrarotbestrahlungen (Ebonit) anschlossen. In allen Fällen wurde bei der Vorbelichtung

Tabelle 1. Vergleiche der Intensitäten der 100-Watt-Lampe.

Entfernung 1 a = 12 cm	Spektralbezirke				
	Weiß : 1000	Rot : 8,95	Grün-1 : 28,5	Grün-2 : 18,3	Blau 9,35
1	4564	40,62	127,80	83,53	42,45
1,5	2017	17,96	56,49	36,93	18,76
2	1123	9,96	31,49	20,55	10,45
2,5	737,9	6,56	20,66	13,53	6,86
3	504,7	4,49	14,13	9,24	4,69
3,5	370,9	3,30	10,38	6,79	3,45
4	283,4	2,52	8,12	5,19	2,64
4,5	225,9	2,01	6,33	4,13	2,10
5	182,1	1,62	5,10	3,33	1,69
5,5	148,8	1,32	4,17	2,72	1,38
6	126,0	1,12	3,53	2,30	1,17
6,5	107,1	0,95	3,09	1,95	0,99
7	92,72	0,82	2,60	1,70	0,86
7,5	87,50	0,778	2,45	1,60	0,814
8	67,91	0,604	1,90	1,24	0,632
10	45,31	0,320	1,27	0,83	0,421

noch Öffnung erzielt, die aber selbst durch hohe Intensitäten des Ultrarot nicht aufrecht erhalten blieb. Auch dunkel adaptiertes Material wurde durch Bestrahlung mit Ultrarot nicht zu Öffnungsbewegungen der Stomata veranlaßt. — Die Durchlässigkeit von RG_5 beginnt bei etwa 650 mμ, die von Ebonit bei etwa 760 mμ. Die Wirksamkeitsgrenze lag im langwelligen Teil des Spektrums zwischen diesen beiden Werten, so daß es berechtigt erscheint, die Energiewerte bis zu 700 mμ anzugeben.

Die Untersuchungen über eine Beteiligung der das Blaufilter passierenden ultravioletter Strahlen wurden mit Blaufiltern allein und SCHOTTschen Gelbfiltern als Zusatzfiltern (GG 5; 8713/41) vorgenommen, die die geringen Mengen ultravioletter Strahlen, welche durch die ersteren hindurchgehen, absorbierten. Da bei pflanzenphysiologischen Versuchen bereits sehr geringe Mengen dieses Bezirkes wirksam sein können, hier aber kein Unterschied in den Reaktionen wahrgenommen wurden, ist anzunehmen, daß eine störende Wirkung dieses Bezirkes für die Stomatärbewegung bei unseren Untersuchungen nicht in Frage kommt.

III. Experimenteller Teil.
A. Dauerbelichtung.

1. Studien am Opakilluminator über den Bewegungsvorgang (Tradescantia fluminensis und zebrina).

Die Untersuchungen von STÅLFELT (1927) haben gezeigt, daß der Verlauf einer Spaltenöffnung in mehrere Phasen zerlegt werden kann. Er spricht von einer „Spannungsphase" und meint damit die Periode von der Ruhelage der geschlossenen Spalte bis zum Beginn einer Bewegung der Spaltbegrenzung. Von dieser ab, also mit dem Auftreten der Spalte, beginnt die „motorische Phase", die ihr Ende erreicht, wenn ein stationärer Zustand der Spaltweite eingetreten ist. Die Richtung dieser beiden Phasen wird von STÅLFELT im Sinne der Öffnung diskutiert. Für die umgekehrte Reaktion gelten die Bezeichnungen ebenso, wenn auch im entgegengesetzten Sinne. STÅLFELT berichtet bereits von den raschen Turgoränderungen, die bis zum Auftreten der motorischen Phase in den Schließzellen entstehen. Sie sind wegen der raschen und regellosen Schwankungen schwer zu kontrollieren. Es ist auch mit der Opakilluminatormethode nicht möglich, die Vorgänge in dieser Phase metrisch restlos zu erfassen, wie aus späteren Versuchen hervorgeht. Nachdem sich der Spaltendurchgang längst geschlossen hat, zeigen die dauernden Veränderungen der Maße des Vorhofes und der Eisodialöffnung, daß das Gleichgewicht in dem System noch nicht wieder hergestellt ist. Auch WARNCKE (1911) weist bereits darauf hin, daß zwischen Spaltöffnungen und Epidermis geradezu eine Korrelation besteht, die sich natürlich auch innerhalb der Spannungsphase auswirkt. Nach WARNCKE liegen die Verhältnisse derart, daß Lage, Größe und Wandstärke der Schließzellen, eventuell sogar der ganze Funktionstyp des gesamten Apparates mehr oder minder mit „gewissen Eigenschaften" der Epidermis in Zusammenhang steht, womit er vorwiegend die Wasserverhältnisse und die strukturellen Verhältnisse der Epidermis meint. Ähnliche Beobachtungen, die eine Beziehung zwischen Epidermis und Spaltöffnungsfunktion wahrscheinlich machen, liegen bereits von MOHL (1856) und SCHWENDENER (1881) vor, vgl. auch STÅLFELT 1929.

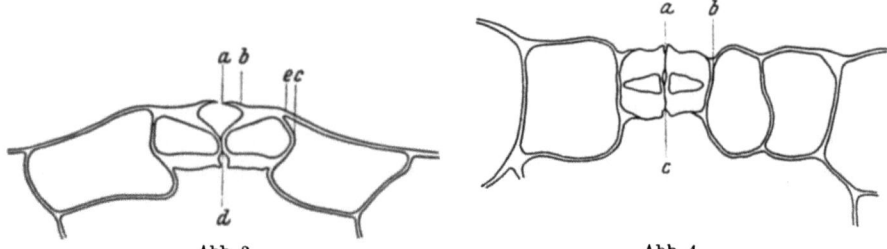

Abb. 3. Abb. 4.
Abb. 3. *Tradescantia fluminensis* (Stoma quer). *a* Eisodialspalte, *b* Vorhofgrenze, *c* äußere Grenze, *d* Zentralspalte, *c/e* Reflexionsfläche. — Abb. 4. *Zea Mays* (Stoma quer). *a* Eisodialspalte, *b* äußere Grenze, *c* Zentralspalte.

Die Messungen, die hier ausgeführt sind, liegen größtenteils innerhalb der motorischen Phase. Aus Abb. 3 sind die Lageverhältnisse der einzelnen Partien an *Tradescantia flum.* zu erkennen, die denen von *Tradescantia zebrina* entsprechen. Abb. 4 zeigt die Verhältnisse auf einem Querschnitt von *Zea Mays*.

Da bei dieser Methode die Spaltenapertur direkt gemessen wurde, bedurfte es zur Feststellung prozentualer Veränderungen einer größeren Anzahl von Messungen, etwa 10—15, aus deren Mittel sich die Grundwerte der einzelnen Partien des Stomas ergaben. Durch Errechnung der Mittelwerte wurden für *Tradescantia fluminensis* und *zebrina* bei maximaler Weite folgende Werte festgestellt (Tabelle 2).

Tabelle 2.

	Öffnungsbereich *Trad. flum.*	Veränd. um 1 Sk.-T. in % der max. Weite	Öffnungsbereich *Trad. zebr.*	Veränd. um 1 Sk.-T. in % der max. Weite
Spaltweite	55—0	1,82	51—0	1,97
Eisodialöffnung	70—0	1,43	68—0	1,47
Äußere Grenze der Schließzellen	290—185	0,95	270—178	1,08
Maximale Fehlergrenze	± 2		± 2	

Wegen der bei gleichen Außenbedingungen sehr verschiedenen Weiten des Vorhofes läßt sich bei den einzelnen Stomata für diesen kein Mittelwert der Öffnung angeben. Bei maximaler Weite ist es auch deswegen schwierig, genaue Maße des Vorhofes festzustellen, weil dieser sehr oft durch Reflexion an den Eisodialrändern nur unscharf sichtbar wird.

Die ersten Untersuchungen, die mit dem Opakilluminator ausgeführt wurden, galten einesteils der Kontrolle des Materials hinsichtlich der Reaktionsfähigkeit nach verschiedener Vorbehandlung, andernteils wurde der Vorgang des Schließens und des Öffnens in den einzelnen Partien des Spaltapparates studiert. Außerdem wurden die Werte der Opakilluminatormethode zu Vergleichen mit denen der Porometermethode herangezogen, die weiter unten angeführt sind. — Die Studien über die Reaktionsfähigkeit haben mehr den Charakter von Vorversuchen und sind deshalb in Kürze nur soweit erwähnt, als sie grundlegend für die weiteren Versuchsanordnungen sind.

Der Einfluß verschiedenen Feuchtigkeitsgehaltes in der *Vorbehandlung* auf die Reaktionsfähigkeit wurde auf folgende Weise bestimmt: Je eine Pflanze von *Tradescantia fluminensis* wurde unter eine Glasglocke gebracht, unter der sich 1, 2 und 5 molare Kochsalzlösungen und destilliertes Wasser befanden (Tabelle 3). Die Dampfdruckerniedrigungen betrugen bei einer Temperatur von 20^0 C für a) 1 Mol. NaCl: 0,6 mm Hg; b) 2 Mol. NaCl: 1,3 mm Hg; c) 5 Mol. NaCl: 3,5 mm Hg; d) Sättigungsdruck für Aqua destillata bei 20^0 C: 17,35 mm Hg, die Taupunkte für a = $19,5^0$ C, b = $18,8^0$ C, Temperatur = $16,5^0$ C. Durch 3stündige Verdunkelung wurde Spaltenschluß herbeigeführt. Die mikroskopische Beobachtung mit 250 Watt (weiß) und gleichen Außenbedingungen in jedem Falle war besonders auf das Auftreten des Spaltendurchganges gerichtet. Es zeigte sich, daß bei a) der Beginn der Öffnungsbewegung der Spaltbegrenzung um nur 5—10 Minuten später als derjenige bei Vorbehandlung mit H_2O gesättigter Luft (d) eintrat, wo das Auftreten der Spalte mit Sicherheit zwischen 20 und 40 Minuten lag; wahrscheinlich bei geradliniger Extrapolation bei 35 Minuten. Im übrigen trat sie unter denselben Begleiterscheinungen wie bei normaler Öffnung auf (gleichzeitig eintretendes Maximum der äußeren Breite, konstante Weite des Vorhofes). Bei b) begann die Öffnung 35 Minuten später als bei gesättigter Luft und die Vorbehandlung mit einer 5 Mol. Kochsalzlösung bedingte selbst nach 70 Minuten noch eine Nullstellung der Spalte. — Aus diesen Zeitdifferenzen in der Reaktion geht hervor, daß der Feuchtigkeitsgrad während der Zeit der Vorbehandlung von Einfluß auf den Zeitpunkt der späteren Öffnung ist, selbst wenn ein gewisser Bereich noch individuellen Reaktionsverschiedenheiten eingeräumt wird.

Da der Einfluß der Feuchtigkeit während der Vorbehandlung auf die spätere Reaktionsgeschwindigkeit erkannt war, und da weiter die Literaturangaben hierüber zum Teil einander widersprachen, wurden Untersuchungen über den Einfluß der *Luftfeuchtigkeit während der Versuche* vorgenommen. Aus der großen Zahl der Vorversuche seien zwei an-

Tabelle 3. Das Auftreten der Spalte nach vorheriger dreistündiger Verdunkelung in verschieden hoher Luftfeuchtigkeit (*Tradescant. flum.*).

a) NaCl 1 molar	Spalte	unsichtbar	unsichtbar	0	0	4	
	Eisod. öff. . .	28	29	31	48	26	
	Vorhof. . . .	65	78	71	82	84	
	äußere Grenze	193	200	216	225	208	
	Zeit (Min.) . .	0	15	30	45	60	
b) NaCl 2 molar	Spalte	unsichtbar	unsichtbar	unsichtbar	2	3—4	5
	Eisod. öff. . .	20	22	30	48	38	36
	Vorhof. . . .	62	65	68,2	72,1	77	77,1
	äußere Grenze	190	195	187	198	193	190
	Zeit (Min.) . .	0	30	60	80	100	120
c) NaCl 5 molar	Spalte	unsichtbar	unsichtbar	unsichtbar	(0)	0	0
	Eisod. öff. . .	15	18	27	30	30	30
	Vorhof. . . .	55	48	50	55	54	56
	äußere Grenze	195	189	190	193	195	195
	Zeit (Min.) . .	0	5	25	35	60	115
d) rel. F. 100%	Spalte	unsichtbar	unsichtbar	1—2!	5	17	
	Eisod. öff. . .	30	30	52	49	59	
	Vorhof. . . .	36	81	88	148	151	
	äußere Grenze	201	210	229	220	228	
	Zeit (Min.) . .	0	20	40	60	85	

geführt, die das Verhalten der *Eisodialöffnung* bei Veränderung der Luftfeuchtigkeit charakterisieren. Die eingeklammerten Zahlen geben die Zeit in Minuten, die anderen die Weite der Eisodialöffnung in Skalenteilen an.

Versuch Nr. IIIa. Material: *Tradescantia fluminensis*.

Vorbehandlung: 120 Minuten dunkel; relative Feuchtigkeit: 55%, Temperatur = 20⁰ C. Beobachtungslicht: 250 Watt/Grün 1. Maximale Helligkeit: Temperatur = 20⁰ C.

a) Relative Feuchtigkeit = 35%: (0) 18; (30) 18.

b) Relative Feuchtigkeit = 100%: (0) 18; (30) 20; (60) 24; (90) 28; (120) 29; (150) 33; (180) 34; (200) 36; (230) 36.

Zentralspaltendurchgang: = 0.

Bei dem folgenden Versuche wurde mit Grün 1 nur während der Ablesung belichtet.

Versuch Nr. IIIb. Material: *Tradescantia fluminensis*.

Vorbehandlung: 120 Minuten dunkel; relative Feuchtigkeit: 55%, Temperatur = 20⁰ C. Beobachtungslicht: 250 Watt/Grün 1. Maximale Helligkeit, Temperatur = 20⁰ C.

a) Relative Feuchtigkeit = 35%: (0) 0; (30) 0.

b) Relative Feuchtigkeit = 100%: (0) 0; (30) 0; (60) 2; (90) 7; (120) 14; (150) 16; (180) 18; (210) 18; (240) 20; (270) 21.
Zentralspaltendurchgang: = 0.

Die beiden Versuche zeigen, daß vom Augenblick der Feuchtigkeitserhöhung eine Erweiterung der Eisodialspalte zu beobachten ist, die in keinem Zusammenhang steht mit der Öffnungsbewegung der Zentralspaltenerweiterung. Die Tatsache, daß eine Beziehung zwischen dem Öffnungszustand des Spaltapparates und der Luftfeuchtigkeit besteht, ist bereits von früheren Forschern erwähnt (LEITGEB 1888, MOHL 1856). Wenn LEITGEB jedoch sagt, daß es der Experimentator förmlich in der Hand habe, besonders bei zartblättrigen Pflanzen, den Zustand der Apertur unabhängig vom Lichte durch entsprechende Feuchtigkeitsgrade zu variieren, so geht er entschieden zu weit; sie ist wenigstens bei unseren Versuchspflanzen unter Ausschluß des Lichtes nicht beliebig zu regulieren. Über Verschluß der *Eisodialöffnung* in *trockener Luft*, wie ich ihn beobachtet habe, sind mir bisher keine speziellen Untersuchungen bekannt. Je nach der Art der Konstruktion des Stomas ist eine nachträgliche Bewegung dieser Partie bei maximalem Verschluß der Zentralspalte mehr oder weniger möglich, wie aus den Vorstellungen von SCHWENDENER über Schließzellenbewegungen hervorgeht (1881).

Im Laufe weiterer Vorversuche wurde ermittelt, wie groß die *Wirkung des Grün* 1 auf Spannungs- und motorische Phase war. Es war vor allem für die Beobachtung von Schließbewegungen nötig, einen Spektralbezirk zu finden, der unwirksam war. Bei Porometeruntersuchungen zeigte sich, daß selbst hohe Intensitäten des Bezirkes Grün 1 an geöffneten Stomata eine Schließbewegung einleiteten und im Dunkeln geschlossene Stomata nicht zu öffnen vermochten. Hieraus ging schon hervor, daß die Wirkung des Gelbgrün auf die Spannungsphase beschränkt sein müßte.

Bei den folgenden Versuchen (Tabelle 4), die eine Auswahl aus einer größeren Zahl gleich verlaufener sind, wurde 1—2 Stunden mit Grün 1 und verschiedener Stärke vorbelichtet, bei Kontrollen dunkel gestellt und

Tabelle 4. Größenverhältnisse bei Adaptation mit Grün-1 und Dunkeladaptation. Material: *Tradescantia fluminensis* (Durchschnittswerte aus 5 Einzelmessungen). A. Grün 1 (i = 305); B. Grün 1 (i = 39,7); C. Dunkel; D. Grün 1 (i = 305); E. Grün 1 (i = 39,7).

	A. (1 Std.)	B. (1 Std.)	C. (1 Std.)	D. (2 Std.)	E. (2 Std.)
Zentralspalte	0	0	unsichtb.	0	0
Eisodialspalte	13,0	20,8	8,0	23,2	23,2
Vorhof	68,6	62,0	64,0	71,4	68,8
äuß. Grenze	193,3	182,4	172,6	188,8	180,4
Länge d. Zentralspalte .	280,1	270,8	269,8	(247,8)!	(213,2)!
Länge d. Stomaapparates	348,1	330,8	328,0	323,0	292,2

bei gelbgrünem Licht, das nur während der Ablesung brannte, beobachtet. Ein Vergleich von Versuch c mit den übrigen gibt deutlich zu erkennen, daß unter dem Einfluß des grünen Lichtes die Eisodialspalte erweitert wird. Die äußere Breite scheint auch etwas vergrößert zu werden. Ob die bei 2stündiger Vorbelichtung mit Grün 1 gemessene Verringerung der Länge der Zentralspalte reell ist, wage ich nicht zu entscheiden, da diese Messungen bei geschlossenem Spaltendurchgang besonders schwierig sind.

Auf Grund der Untersuchungen wurden die Vorgänge bei den folgenden Schließbewegungen im Opakilluminator im gelbgrünen Spektralbezirk kontrolliert, da bei der Bestrahlung verdunkelter Blätter mit Grün 1 keine Veränderungen der *Spaltweite* erfolgten, denen die Beobachtungen in erster Linie galten.

Verlauf der Schließ- und Öffnungsbewegung an *Tradescantia fluminensis* und *Tradescantia zebrina*.

Von den zahlreichen Versuchen, die zum Studium der mechanischen Vorgänge bei der Schließbewegung der Spalten ausgeführt wurden, sei der folgende kurz geschildert (Nr. 5).

Nach einstündiger *Besonnung* wurde mit der mikroskopischen Beobachtung begonnen. Zunächst waren nur die Begrenzung gegen die Nebenzellen, die Grenzen des Vorhofes und der Eisodialöffnung zu beobachten, die weit offen stand. Die Ränder des Spaltendurchganges waren, da sie mit einem Reflex unter den Grenzen der Eisodialöffnung zusammenfielen, nur undeutlich zu erkennen. Die starke Intensitätsschwankung beim Übergang aus der Sonne in das Beobachtungslicht bewirkte zunächst eine Verengerung der Eisodialgrenzen. Gleichzeitig wurde auch der Spaltendurchgang sichtbar. Es zeigte sich, daß die Schließungskurve der Spalte parallel derjenigen der Eisodialöffnung verlief. Im Gegensatz hierzu *verbreiterten* sich innerhalb der ersten 30 Minuten die äußeren Grenzen der Schließzellen und der Vorhof bis zu einem Maximum, nach dessen Erreichung die Schließungsgeschwindigkeit der Spalte verringert wurde; die Verlangsamung der Schließungsgeschwindigkeiten von äußerer Grenze und Vorhof, die das Auftreten eines stationären Zustandes oder eines Gleichgewichtes zwischen Außenbedingungen und dem Zustand der Schließzellen vermuten ließ, begann nach 75 Minuten. Danach trat wieder eine Vergrößerung der Geschwindigkeit in der Spaltbewegung auf. In einer graphischen Darstellung erinnert dieser Verlauf an eine aus zwei Wellenkurven mit Phasenverschiebung resultierende Interferenzkurve. — Die Ablesungen erleiden von $12^h 5'$ bis $15^h 40'$ eine Unterbrechung; während dieser Zeit wurde das Blatt unter dem verdunkelten Mikroskop belassen. Die Schließbewegung, die inzwischen weiterging, hatte bei Wiederaufnahme der Ablesungen bereits zu Spaltenschluß geführt. Die Eisodialöffnung war noch zu 35% geöffnet; die wei-

Öffnungsweite und bekannten Intensitäten bestimmter Spektralbezirke. 629

tere Beobachtung in weißem Licht zeigte noch eine geringe Erweiterung des Vorhofes.

Tabelle 5. Beobachtungslicht: Grün-1; 250 Watt; relative Feuchtigkeit: 100%; Temperatur = 26° C.

Zeit	Spaltendurchgang	Eisodialöffnung	Vorhof	äußere Grenze
10.50 Uhr: 0	—	70	110	265
15	—	70	118	283
30	—	66	132	289
45	—	65	118	275
60	50	52	116	272
75	54	56	116	276
:	:	:	:	:
290	0	22	103	202
305	0	23	100	198
320	0	26	100	198
335	0	24	103	198
350	0	24	103	192

Tabelle 6. Schließbewegung an *Tradescantia zebrina*. Beobachtungslicht: Grün-1; 250 Watt; relative Feuchtigkeit: 100%; Temperatur: 26° C.

Zeit	Spaltendurchgang	Eisodialöffnung	Vorhof	äußere Grenze
16.20 Uhr: 0	20	65	115	145
15	18	72	125	143
30	15	64	110	138
45	17	52	128	159
60	15	40	112	155
75	12	35	95	150
100	3	20	82	145
100	2!	21	81	139

Der Versuch Nr. 6 zeigt für *Tradescantia zebrina* gleichsinnig verlaufende Erscheinungen.

Die Einzelheiten der stomatären Bewegungen im Verlaufe einer Öffnung gehen aus dem nachfolgenden Versuch hervor (Tabelle 7).

Tabelle 7. Öffnungsbewegung bei *Tradescantia zebrina*. Beobachtungslicht: Weiß; 250 Watt; relative Feuchtigkeit: 100%; Temperatur: 26° C.

Zeit	Spaltendurchgang	Eisodialöffnung	Vorhof	äußere Grenze
7.30 Uhr: 0	—	0	52	170
30	0	12	70	193
45	0	22	65	198
70	8	32	65	185
90	28	32	70	200
115	30	32	80	204

Die Pflanzen, die sich während der Nacht unter dem Schattendach des Gewächshauses befanden, wurden durch eine Bestrahlung mit

250 Watt/Weiß im Opakilluminator zur Öffnung veranlaßt. — Nach Beginn der Beobachtung zeigte sich zunächst, daß die weitaus größte Zahl der Spaltendurchgänge noch unsichtbar war, weil der Verschluß der darüberliegenden Eisodialöffnungen sehr weit fortgeschritten war. Die ersten Veränderungen traten an den äußeren Begrenzungen der Schließzellen auf. Die Begrenzungsflächen wölbten sich stärker nach außen; im gleichen Sinne bewegten sich die Begrenzungswände des Vorhofes. Mit einer Verstärkung der Krümmung der Grenzwand zwischen Schließ- und Nebenzellen in der Beobachtungsebene war auch eine solche senkrecht dazu verbunden, wie aus der Verbreiterung der Reflexionsfläche (siehe Abb. 3; c/e) zu schließen war.

Das System befand sich nach 30 Minuten noch immer in der Spannungsphase, die Weite der Eisodialöffnung betrug 12 Skalenteile. Nachdem das Maximum der Schließzellenbreite erreicht war, erschien der Spaltendurchgang, während die Breite wieder zurückging. Ein Ansteigen derselben war erst nach 50 Minuten wieder zu bemerken. Es hatte den Anschein, als ob nach der Erreichung des Öffnungsmaximums der Spalte (nach weiteren 25 Minuten) das System in einem stationären Zustand, gewissermaßen einem Gleichgewicht, verharrte.

Durch verschiedene, später zu besprechende Porometerbeobachtungen innerhalb eines solchen Gleichgewichtszustandes angeregt, versuchte ich, die dort auftretenden „pulsierenden Bewegungen" (STÅLFELT 1928, S. 168) nach beendeter Adaptation auch *mikroskopisch* zu verfolgen, was jedoch nicht gelang. Entweder waren die Formveränderungen, die die Differenzen der Strömungsgeschwindigkeiten bei der Porometermethode verursachten, an den *einzelnen* Stomata so gering, daß sie an ihnen mikroskopisch nicht beobachtet werden konnten, oder die Differenzen waren auf Veränderungen der Wegsamkeit der Interzellularen zurückzuführen. Wenn ich auch bei meinem Material und unter meinen Versuchsbedingungen bei mikroskopischer Beobachtung rhythmische Schwankungen der Schließzellenmaße analog STÅLFELT (1928) nicht auffinden konnte, so sind nach den erwähnten Porometerversuchen solche nicht ganz von der Hand zu weisen.

Die Beobachtung der Erweiterung des Vorhofes und der äußeren Grenzen nach Verdunkelung steht nicht, wie man annehmen könnte, im Gegensatz zu der Feststellung LINSBAUERS (1917), der bei Belichtungswechsel, d. h. Intensitätserhöhung oder -erniedrigung an ganz oder teilweise geöffneten Stomata *stets eine vorübergehende Schließbewegung* feststellte, da sich seine Beobachtungen auf den Zentralspaltendurchgang beziehen. Die Verschiedenheit der Bewegungsrichtung der einzelnen Wandpartien von ein und derselben Zelle (Eisodialöffnung, Zentralspalte) hat ihre Ursache in der mechanischen Struktur der Zellmembran der Schließzellen und der Verbindung mit den benachbarten Zellen. Die

Kenntnis dieser Tatsache verdanken wir den klassischen Untersuchungen von MOHL (1856) und SCHWENDENER (1881).

Durch die vorliegenden Untersuchungen wurden die Ergebnisse STÅLFELTs (1927) hinsichtlich des gleichsinnigen Verlaufes von Änderungen der Spaltbreite und der äußeren Breite der Schließzellen bestätigt.

Untersuchungen über Schließzellenreaktion.

Aus den Vorversuchen über die Reaktionsfähigkeit *verschieden alter Blätter* zeigte sich die gute Verwendbarkeit solcher mittlerer Dimensionen und mittleren Alters, eine Feststellung, die bereits HABERLANDT (1887, S. 100), wenn auch in anderer Form, erwähnt. Da die Ergebnisse älterer Forscher (STAHL) sich zum Teil auf Versuche mit abgeschnittenen Blättern gründen, sind mit solchen ebenfalls Versuche angestellt worden. Es ergaben sich Shockwirkungen und Reaktionsanomalien, wie sie LLOYD (1908) schon beschrieben hat, die möglicherweise in der veränderten Wasserzufuhr begründet sind; es wurden deshalb alle Versuche an intakten Pflanzen ausgeführt.

Um ein gleichwertiges Material für alle Versuche zu gewinnen, sollte ursprünglich von vollkommen geschlossenen Stomata ausgegangen werden. Es zeigte sich jedoch, daß Material, welches 1, 2 und 3 Tage lang verdunkelt war, nach Belichtung mit der gleichen Lichtqualität und Intensität einen Reaktionserfolg nach 70, 120 und 295 Minuten aufwies. Mit länger währender Verdunkelung tritt also eine zunehmende Reaktionsverzögerung ein. Der physiologische Zustand des Blattes wird durch Verdunkelung eben wesentlich verändert (Hungerzustand).

Da es für die Hauptuntersuchungen von Bedeutung war, daß die Pflanzen, die für Vergleichsserien verwendet wurden, möglichst gleiche Reaktionsfähigkeit hatten, so wurden deshalb zu allen Versuchen Pflanzen verwendet, die in einem an das Institut angeschlossenen Gewächshaus vorbelichtet waren, und zwar bei Sonne unter Schattenrahmen, während an trüben Tagen die Schirme entfernt wurden. Im allgemeinen war so das Material soweit wie möglich gleichmäßig vorbelichtet.

2. Untersuchungen über den Stärkegehalt der Schließzellen von Tradescantia fluminensis nach Exposition mit verschiedenen Lichtqualitäten bekannter Intensitäten.

Wie bereits eingangs erwähnt, sind die Stärkebestimmungen teils wegen technischer Schwierigkeiten, teils infolge unzulänglicher Methoden nur Schätzungen. Die Untersuchungen, die bisher in der Richtung der Stärke-Zuckerbilanz in den Schließzellen vorliegen (LLOYD 1908, ROSING 1908, HAGEN 1916), sind ausschließlich mikroskopischer Art. Die beiden Methoden der Zuckerbestimmung, die FEHLING- und die LIDFORSSsche Reaktion, ergeben keine einwandfreien Resultate, da sie nicht ausschließlich auf reduzierende Zucker reagieren. Auch die FEHLINGsche Lösung nach A. MEYER (ROSING 1908) versagte bei diesen Untersuchungen, da sich der reduzierende Zucker in der wässerigen Kupfersulfatlösung löste und in die umgebenden Zellen der Schließzellen diffundieren konnte, was durch die Erwärmung noch begünstigt wurde. Ein in den Schließzellen lokalisierter Zuckernachweis war quantitativ bisher nicht möglich. Ich beschränkte mich deshalb darauf, wie schon bemerkt, die Menge der Stärke in den Schließzellplastiden abzuschätzen. — Als Reagens hierfür wurde Jodkaliumlösung verwendet. Die Epidermisflächenschnitte des adaptierten Materials wurden nach Fixierung mit heißem 96%igen Alkohol und anschließender Überführung durch die Alkoholreihe in wässeriger Jodkaliumlösung bzw. Chloralhydrat-Jodlösung 30 Minuten lang gefärbt. — Als Vergleichsgrade der Stärkeanhäufung wurden die Noten I, II, III, IV im Sinne steigender Menge angewendet (Tabelle 8, Kol. 4). In Tabelle 8 sind unter 3 die aus den Porometerzeiten errechneten Öffnungsgrade in Prozenten maximaler Öffnung ausgedrückt (siehe weiter unten). Ein Vergleich der Werte unter 3 und 4 zeigt, daß in denjenigen Fällen, in denen die Spalten wenig oder nicht geöffnet sind (Gelbgrün, Ultrarot,

Tabelle 8. *Übersicht über die Stärkeverhältnisse in den Schließzellen verschieden weit geöffneter Stomata* (Vorbelichtung: 2 Stunden; relative Feuchtigkeit: 70%; Temperatur: 23° C.).

1 Sp.-Bez.	2 Intensität	3 Öffnungsgrad in %	4 Stärkegrad
Rot	(i = 2,52)	ca. 90	I
Rot	(i = 0,604)	„ 45	II—III
Grün 1	(i = 5,107)	0	IV
Grün 1	(i = 14,13)	0	IV
Grün 1	(i = 127,8)	0	IV
Grün 2	(i = 3,33)	„ 18	III—IV
Grün 2	(i = 9,24)	„ 44	III—II
Grün 2	(i = 20,55)	„ 62	II
Grün 2	(i = 36,93)	„ 82	I
Blau	(i = 0,632)	„ 3	IV—III
Blau	(i = 1,17)	„ 45	III
Blau	(i = 3,57)	„ 62	II
Blau	(i = 9,95)	„ 88	I
Dunkel	(i = 0) 2 Stdn.	0	IV
Dunkel	4 „	0	IV
Dunkel	24 „	0	IV
Dunkel	2×24 „	(2)!	IV
Dunkel	3×24 „	(4)!	IV
Ultrarot (Ebonit) 100 W/18 cm		(2—3)!	IV
Sonnenlicht 2 Stunden		100	I

Dunkel), eine Stärkebildung eintritt, während in geöffneten Spalten weniger Stärke vorhanden ist.

Eine Diskussion dieser Ergebnisse findet sich am Ende der Arbeit in Verbindung mit den übrigen Resultaten.

3. Adaptation der Spalten an verschiedene Lichtqualitäten und -intensitäten.

Nach den bereits erwähnten Untersuchungen STÅLFELTS (1927) kann man den Öffnungsvorgang der Stomata in zwei Phasen zerlegen, in die Spannungsphase und in die motorische Phase. Bei Belichtung mit hohen Intensitäten bestimmter Qualitäten und unter günstigen Feuchtigkeitsverhältnissen ist die motorische Phase beendet, wenn das Stoma maximale Weite erreicht hat. Ist diese Weite von Intensität und Qualität des Lichtes abhängig, so muß bei entsprechend niederen Intensitäten eine mittlere Weite, ein Adaptationszustand resultieren. Wie weit das der Fall ist, soll im Folgenden untersucht werden.

In Versuch Nr 9 ist eine Adaptation bei Rot (i = 2,52) ausgeführt, relative Feuchtigkeit = 70%, Temperatur = 22⁰ C.

Nr. 9. Material: *Tradescantia fluminensis*. (Die eingeklammerten Zahlen stellen in allen folgenden Versuchen die Zeit von Beginn des Versuches an in Minuten dar, die darauffolgenden die Porometerzeit in Sekunden.)

(0): 11,5; (13): 15; (21): 12,5; (34): 13,4; (41): 15,5; (45): 14,0; (53): 16,6; (59): 15,6; (66): 17,7; (76): 16,5; (83): 18,6; (90): 18; (95): 19,6; (103): 19; (106): 20,6; (115): 19,5; (125): 21,1; (137): 18,5; (144): 21; (162): 20,6; (172): 20,9 (179): 19,6; (185): 20,5; (190): 20; (195): 21; (202): 20,5.

Die Adaptation, die hier nach 95 Minuten eingetreten ist, wird durch *annähernd* gleiche Porometerzeiten charakterisiert; die Schwankungen, die dann noch auftreten, weichen bei den danach folgenden Ablesungen um ± 1,3 Sekunden vom Mittelwert ab.

Unter Nr. 10 sind die Porometerfallzeiten nach beendeter Adaptation an rotes Licht (i = 2,52) von gleicher Intensität wie in Versuch 9 zusammengestellt. Die maximale Abweichung vom Mittelwert beträgt ± 2,3 Sekunden, ist also etwas größer als die Schwankungen um den Mittelwert bei Versuch 9.

Nr. 10. Adaptationsporometerzeiten für Rot (i = 2,52): 22,5; 22; 22; 21,6; 21,4; 21,2; 21; 20,8; 20; 20; 20; 19,6; 19,2; 19; 18,4; 18; 17,8.

Die Dauer dieses Adaptationszustandes währte im Durchschnitt 8 Stunden bei den Versuchsanordnungen, wie sie einleitend beschrieben sind. Besonders wichtig für die Aufrechterhaltung dieses Adaptationsgleichgewichtes waren konstante Feuchtigkeitsverhältnisse, deren Nichtbeachtung zu erheblichen Fehlern Anlaß gegeben hätte. — Die geringen Schwankungen bei rascher Aufeinanderfolge der Ablesungen an adaptiertem Material (Nr. 9) könnten auch auf eine Änderung des Gleichgewichtes der Wasserbilanz (STÅLFELT 1927) innerhalb des Blattes zurückzuführen sein, da durch das Durchströmen der Luft durch die

Interzellularen vorübergehende Feuchtigkeitsschwankungen der darin enthaltenen Luft selbst bei dem Nachströmen von 70% gesättigter Luft nicht ausgeschlossen wäre. Die Ablesungsintervalle wurden deshalb auf 13—18 Minuten vergrößert, um diesen Fehler zu vermindern.

Aus der vorliegenden Tabelle Nr. 11 sind die Zeiten einesteils maximal, andernteils halb geöffneter Stomata nach Verdunkelung bis zu vollkommenem Verschluß zu entnehmen.

Nr. 11. Material: *Zea Mays*; relative Feuchtigkeit = 50%; Temperatur = 23⁰ C; Sonne.

a) (0): 20; (20): 20,8; (40): 20,2; Verdunkelt (60): 53,4; (85): 89,6; (105): 124,6; (125): 136,4; (150): 139,0; (171): 139,4.

b) Bewölkt (0): 90,0; (18): 88,8; (37): 89,0; (49): 88,6; Verdunkelt (68): 103,2; (84): 117,2; (101): 127,8; (114): 139,2; (134): 140,4; (149): 139,6; (169): 140,4.

Bei offenen Spalten dauert die Schließbewegung 110 Minuten, bei halbgeöffneten 75 Minuten, bis minimale Öffnungsweite vorhanden ist. Daraus kann man schließen, daß die Adaptationszeit abhängig ist von dem Unterschiede der Intensitäten der Vorbelichtung und der Versuchsbelichtung.

Die unter Nr. 12 zusammengestellten Beobachtungen an fixiertem Material, das sich im Zustande minimaler Öffnung befand, geben ein Bild davon, daß trotz einer 3stündigen Verdunkelung nicht alle Spalten vollkommenen Verschluß zeigen. (Die größere Zahl gibt die im Gesichtsfeld liegenden, geschlossenen, die kleinere die ganz oder teilweise geöffneten Stomata an.)

Nr. 12. 46/6; 50/3; 42/4; 48/2; 46/6; 53/6; 52/0; 48/2; 46/4; 46/3; 49/5; 42/5; 43/4; 47/2; 40/1.

4. Bewertung der Fallzeiten nach erfolgter Adaptation durch Vergleich mit Opakilluminatorbeobachtungen.

Bei Verwendung von Porometerapparaturen gleicher Maße wurden bei den von mir untersuchten Pflanzen obere und untere Grenzwerte der Porometerzeiten festgestellt. Bei vollkommenem Schluß stieg die Zeit nicht auf unendlich, bei vollkommener Öffnung sank sie nicht auf Null. Da bei Erreichung des oberen Grenzwertes (Maximalzeit) nach mikroskopischen Untersuchungen die Spalten sich als vollkommen geschlossen erwiesen, dürfte die bei diesem Zustande noch meßbare Menge in das Porometerglöckchen eindringende Luft durch Diffusion in dieses gelangt sein (cuticulare Transpiration, Diffusion durch den geschlossenen Spalt) oder der Fehler beruht auf dem Vorhandensein abnorm reagierender Schließzellen (siehe Nr. 12). Jedenfalls erscheint es nicht berechtigt, die Öffnungsweite proportional $\frac{1}{t^n}$ zu setzen, wie in früheren Arbeiten allgemein geschah. Eine *Änderung* der Spaltweite erfolgte zwischen minimalen und maximalen Fallzeiten, denen maximale Öffnung (100%) und minimale (0%) entsprechen.

Durch folgende Formel wurde zum Zwecke des Vergleiches versucht, die zwischen den Extremen liegenden Öffnungsgrade in Prozenten der maximalen Öffnung auszudrücken:

$$\frac{t_{min}}{t} \cdot \frac{100\,(t_{max}-t)}{t_{max}-t_{min}} = y_t$$

Hierbei stellen t_{max} und t_{min} die Porometerzeiten für minimal und maximal geöffnete Spaltweiten dar, t ist die Fallzeit, zu der die „Öffnungsprozente" (y_t) gesucht sind (Tabelle 13).

y_t ist die mittlere Strömungsgeschwindigkeit, mit der die Luft durch die Spaltöffnungen und Interzellularen bei gleicher mittlerer Druckdifferenz in der Porometerzeit t hindurchgesogen wird, bezogen auf die maximale Strömungsgeschwindigkeit bei t_{min}, die gleich 100 gesetzt wird.

Bei der Porometermethode wird ja die Zeit gemessen, in der gleiche Mengen Luft (Q) bei gleicher Druckdifferenz durch Spaltöffnungen und Interzellularen eines Blattes in das Porometerglöckchen gesogen werden. Bezeichnet man die *in der Zeiteinheit* durchgesogenen Mengen mit Q_{max}, Q_t und Q_{min}, die in gleicher Reihenfolge angegebenen Porometerzeiten mit t_{min}, t_t und t_{max}, so ist

$$Q = Q_{max} \cdot t_{min}$$
$$Q = Q_t \cdot t_t$$
$$Q = Q_{min} \cdot t_{max}$$

Bei völlig geschlossenen Spalten steigt, wie erwähnt, die Porometerzeit nicht auf unendlich, sondern auf einen Grenzwert t_{max}, so daß sich Q aus einer mit der Spaltenweite variablen und einer der Porometerzeit proportionalen Luftmenge zusammensetzt. Wir können die von der Spaltweite abhängige, in der Zeiteinheit durchgesogene Luftmenge berechnen:

$$Q_{o_1} = \frac{Q_{max} \cdot t_{min} - Q_{min} \cdot t_{min}}{t_{min}} = 100$$

$$Q_{o_2} = \frac{Q_t \cdot t_t - Q_{min} \cdot t_t}{t_t} = y_t$$

$$Q_{o_3} = \frac{Q_{min} \cdot t_{max} - Q_{min} \cdot t_{max}}{t_{max}} = 0$$

Bezogen auf die maximale in der Zeiteinheit durchgesogene Luftmenge Q_{o1}, diese gleich 100 gesetzt, also in Prozenten dieser ist

$$y_t = 100 \cdot \frac{Q_t \cdot t - Q_{min} \cdot t}{Q_{max} \cdot t_{min} - Q_{min} \cdot t_{min}} \cdot \frac{t_{min}}{t}$$

Es ergibt sich

$$y_t = 100 \cdot \frac{t_{max} - t}{t_{max} - t_{min}} \cdot \frac{t_{min}}{t}$$

Um festzustellen, in welcher Beziehung die Öffnungsprozente y_t zu den Maßen des Spaltendurchganges stehen, stand der Vergleich mit Hilfe der Opakilluminatormethode zu Gebote. Die Versuchspflanzen wurden mit Porometerglöckchen an bestimmte Lichtqualitäten und -intensitäten adaptiert, die Porometerzeit nach Adaptation bestimmt und die Prozentzahl nach der angegebenen Formel berechnet. Nach der Adaptation wurde die mittlere Spaltweite mit dem Opakilluminator bestimmt.

Tabelle 13.

Fallzeit in Sek.	Prozente maximaler Öffnung bei			
	Trad. flum.	Oxalis las.	Zea Mays	Opuntia cocc.
5	100	100		
7	70,0	69,8		
10	48,0	47,8		
20	21,8	21,5	100	
30	13,2	12,75	61,0	
40	8,72	8,35	41,61	100
50	6,1	5,72	29,8	72
60	4,38	3,98	22,21	53,3
70	3,12	2,73	16,9	40
80	2,18	1,79	12,49	30
90	1,47	1,06	9,25	22,2
100	0,88	0,48	6,66	16,0
110	0,31	0	4,55	10,9
120	0		2,43	6,67
130			1,27	3,08
140			0	0

Tabelle 14.

1. Vers.-Nr.	2. Spektral-Bez.	3. Intensität	4. Mittelwert	5. Öffnung in %*	6. Öffnung in %**
II. 97c	Rot	4,53	18 (± 2)	45	11,0
II. 96a		7,79	26,1 (± 2)	65,2	16,5
II. 97d		28,4	28 (± 1)	70	17,0
II. 98a	Grün 2	16,0	0	0	0
II. 98b		43,8	8 ($\pm 1,5$)	20	4,6
II. 98c		62,2	16,1 ($\pm 1,5$)	40,2	11,0
II. 96c		72,2	24,7 ($\pm 1,5$)	62,2	15,5
II. 99a		97,6	28 (± 2)	70	27,0
II. 99b	Blau	1,94	0	0	0
II. 97a		4,02	14,2 ($\pm 1,5$)	35,2	7,0
II. 96b		11,7	24,2 ($\pm 1,5$)	60,2	16,5
II. 97b		16,2	28 ($\pm 1,5$)	70	24,5
II. 99d		25,9	40 ($\pm 1,5$)	100	—

* Metrisch festgestellt.   ** Errechnet aus der Fallzeit.

Öffnungsweite und bekannten Intensitäten bestimmter Spektralbezirke. 637

Die Untersuchungen sind für *Zea Mays* in Tabelle 14 aufgeführt. Die Angaben in Kol. 4 sind Mittelwerte aus 10 Messungen und stellen die Breite des Spaltendurchganges dar. Unter Kol. 5 sind diese Werte in Prozenten maximaler Weite ersichtlich, und Kol. 6 enthält die aus der Porometerzeit errechneten Prozentwerte.

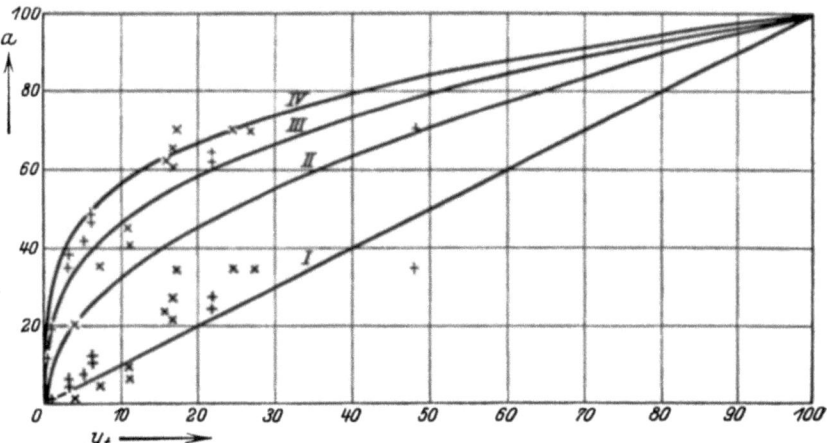

Abb. 5. Vergleich der Porometerzeiten mit den Spaltweiten [*Zea Mays* (×) und *Tradescantia* (+)], vgl. Text der folgenden Seite.

In Tabelle 15 sind die entsprechenden Werte für *Tradescantia fluminensis* angegeben. Außer der Weite ist auch die Länge der Spalten an-

Tabelle 15.

1	2	3	4	5	6	7	8
Versuch Nr.	Spektral-Bez.	Intensität	Fallzeit	Öffnung in %	Maße der Spalten		$r = \frac{1}{2}\sqrt{ab}$
					Breite (a)	Länge (b)	
VI. 20a	Rot +	40,62	10	48,0	36	210	13,76
VI. 20b		2,52	20	21,8	33	210	13,17
VI. 20b		1,12	50	6,1	24	214	11,33
VI. 20d		0,60	65	5,1	21	215	10,64
VI. 21a		0,32	100	0,88	10	218	7,40
VI. 21b	Blau ×	4,98	20	21,8	33	211	13,17
VI. 21b		3,6	50	6,1	25	214	11,55
VI. 21d		1,17	70	3,12	20	216	10,37
VI. 22a		0,63	110	0,31	6	218	5,73
VI. 22b	Grün 2 ×	36,93	20	21,8	32	211	13,0
VI. 22c		20,55	50	6,1	25	213	11,54
V. 22d		9,24	70	3,12	18	217	9,88
VI. 23a	Grün 1 ×	127,80	120	0	0	220	0

gegeben, und aus diesen beiden Maßen ist nach dem Vorgang von BROWN u. ESCOMBE der Radius des Kreises berechnet worden, der gleiche Fläche besitzt wie der als elliptisch angenommene Querschnitt des Spaltendurchganges.

In Abb. 5 sind die Werte der mikroskopisch gemessenen Spaltbreite in Prozenten der maximalen für *Tradescantia* (stehende Kreuze) und für *Zea Mays* (liegende Kreuze) abgetragen gegen die ihnen entsprechenden Werte der Öffnungsprozente y_t. In die Abbildung sind weiter die Linien mit eingezeichnet, auf denen die Werte liegen müßten, wenn y_t der 1., 2., 3. und 4. Potenz proportional wäre. Man sieht, daß bei engerem Spalt sich die Einzelwerte mit allerdings ziemlich großer Streuung um die Kurve der 3. Potenz gruppieren und sich dann derjenigen der 4. Potenz hin

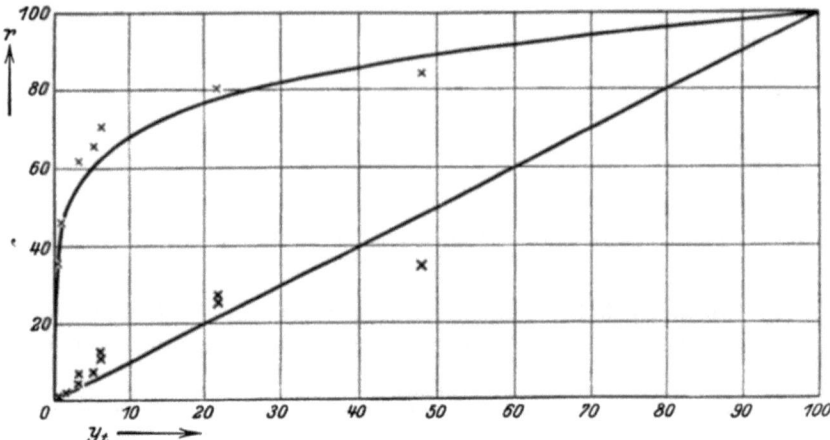

Abb. 6. Vergleich der Porometerzeiten mit dem Radius des mit dem Spaltquerschnitt flächengleichen Kreises (*Tradescantia flum.*).

nähern. Die 3. Potenzen der Spaltbreiten sind auf der gleichen Abbildung ebenfalls in Prozenten der maximalen mit eingezeichnet und liegen in der Nähe der Diagonale des Koordinatensystems, was darauf hindeutet, daß die aus den Porometerzeiten abgeleiteten Öffnungsprozente y_t angenähert der 3. Potenz der Spaltbreiten proportional sind, wenigstens innerhalb des Bereiches enger Spalten, so bei *Tradescantia* so lange als das Verhältnis Spaltbreite zu Spaltlänge den Wert 1/7 nicht übersteigt.

In Abb. 6 sind die errechneten Werte von r (8. Kol. von Tabelle 15) und von r^6 für *Tradescantia* wieder in Prozenten ihrer Maximalwerte eingetragen, die Kurve über der Diagonalen zeigt an, wie die Werte liegen müßten, wenn y_t proportional der 6. Potenz von r wäre. Es zeigt sich, daß hier y_t angenähert r^6 proportional ist, was sich daraus erklärt, daß die Spaltlänge fast konstant ist: $r = \frac{1}{2}\sqrt{ab}$; $b =$ konstant; $r = k \cdot \sqrt{a}$; also ist r etwa proportional $\sqrt{a}$ und damit r^6 angenähert proportional a^3.

5. Kompensationsmethode und -resultate.

Anfänglich sollte das Wirkungsverhältnis der einzelnen Spektralbezirke zueinander durch folgende Methode bestimmt werden: Die einzelnen Pflanzen werden nach Dunkeladaptation während einer längeren Zeit mit verschiedenen Lichtqualitäten und bestimmten -intensitäten belichtet. Aus der Zeit, die bis zum Auftreten der gleichen Porometerzeiten in den einzelnen Spektralbezirken verläuft, sollte auf den Wirkungsgrad der betreffenden Lichtqualitäten untereinander geschlossen werden. Der Verlauf der Kurve der Spaltöffnung erwies sich jedoch als nicht so einfach, daß man aus den Reaktionszeiten einen Schluß auf die Wirksamkeit einer Belichtung nach Verdunkelung hätte ziehen und einen Vergleich der Wirksamkeit verschiedener Strahlenbezirke auf die Feststellung der Reaktionszeiten hätte gründen können.

Um einen quantitativen Vergleich zwischen den physiologischen Wirkungen der verschiedenen Spektralbezirke zu erhalten, wurde daher folgende Methode angewendet: Das an eine bekannte Lichtqualität und -intensität adaptierte Areal, das sich unter einem Glöckchen befand, wurde mit einem anderen Spektralbezirk bestimmter Intensität weiter belichtet. Je nach der physiologischen Wirkung der Vor- und Versuchsbelichtung wurde eine Schließ- oder Öffnungsbewegung eingeleitet. Durch eine Reihe von Versuchen wurde empirisch diejenige Intensität festgestellt, die den Öffnungszustand der Spalte nach Adaptation an die Vorbelichtung weiter aufrecht erhielt. Durch einen Vergleich der beiden Intensitäten konnte das Verhältnis der physiologischen Wirksamkeiten der beiden Spektralbezirke bestimmt werden. Da, wie ich später noch ausführlich darlegen werde, die Änderungen der Spaltweite, gemessen an solchen der Porometerzeit in der Nähe des Zustandes maximaler und minimaler Öffnung der Spalten bei Änderung der Belichtung sehr gering waren, wurden bei den hier beschriebenen Kompensationsversuchen nur solche Intensitäten verglichen, die Öffnungen zwischen 88% und 40% der maximalen ergaben.

Die folgenden Versuchsreihen stellen nur eine Auswahl aller ausgeführten Versuche dar. Sie enthalten die Ablesungszeiten vom Endpunkt der Vorbelichtung an (eingeklammert) in Minuten und die dazugehörigen Fallzeiten in Sekunden. Die Kompensationsfallzeiten nach Belichtungswechsel sind fett gedruckt. Die Adaptationsintensität der Vorbelichtung ist mit i_1, die Vergleichsintensität der anderen Qualität mit i_2 bezeichnet.

I. *Tradescantia fluminensis*.

Für alle Versuche: Relative Feuchtigkeit = 70%; Temperatur = 23° C.

Nr. 16. Rot 100 Watt; ($i_1 = 2{,}52$) gegen Blau 100 Watt.
  a) $i_2 = 42{,}45$: (0) 19,2; (23) 17,8; (42) 14,2; (65) 13; (87) 12,4; (100) 11,8; (128) 11; (153) 10,5.

b) $i_2 = 1{,}17$: (0) 20; (20) 27,2; (57) 38,5; (77) 54,8; (105) 66; (134) 71,4; (160) 72.
c) $i_2 = 3{,}45$: (0) 21,6; (40) 27; (54) 32,5; (77) 35; (90) 44,2; (118) 48,8; (161) 50.
d) $i_2 = 4{,}98$: (0) 21; (28) **23**; (56) **20,8**; (83) **19**; (110) **22**; (135) **22,1**.
e) $i_2 = 0{,}632$: (0) 22,5; (27) 31,8; (43) 41,5; (74) 62; (91) 81,2; (106) 96,1; (129) 105; (157) 115,1; (175) 116.

Nr. 17. Rot 100 Watt ($i_1 = 0{,}604$) gegen Blau 100 Watt; relative Feuchtigkeit 70%; Temperatur = 23° C.

a) $i_2 = 4{,}69$: (0) 70; (21) 67,1; (40) 60,5; (74) 52,6; (90) 42,5; (110) 27,5; (130) 25,4.
b) $i_2 = 1{,}17$: (0) 67,5; (25) **69**; (52) **68,1**; (79) **70,8**; (107) **71,6**.
c) $i_2 = 0{,}632$: (0) 69; (27) 73,5; (54) 87,5; (78) 94,1; (98) 105,5; (127) 111,5.

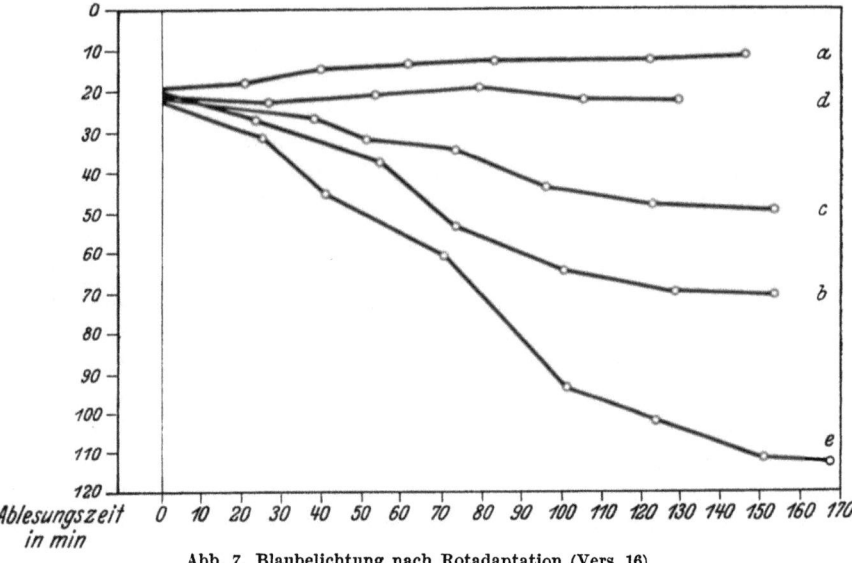

Abb. 7. Blaubelichtung nach Rotadaptation (Vers. 16).

Nr. 18. Blau 100 Watt ($i_1 = 4{,}98$) gegen Rot 100 Watt; relative Feuchtigkeit 70%; Temperatur = 23° C.

a) $i_2 = 40{,}62$: (0) 26,8; (33) 20; (56) 17,4; (74) 16,2; (103) 10; (130) 9,8.
b) $i_2 = 0{,}604$: (0) 23,4; (29) 28,8; (58) 42,5; (87) 47,5; (102) 64; (144) 66.
c) $i_2 = 1{,}12$: (0) 25,2; (29) 31,8; (53) 41,5; (83) 42,6; (110) 49,4; (140) 50,7.
d) $i_2 = 2{,}52$: (0) 23; (30) **26**; (50) **26,9**; (75) **23,8**; (100) **25**; (140) **25,8**.
e) $i_2 = 0{,}32$: (0) 25,1; (34) 35; (54) 51,1; (84) 59,5; (112) 78; (127) 91,5; (146) 96,2; (159) 96,5.

Ein Vergleich der *Kompensationsintensitäten* in Versuch Nr. 16 ergibt für Rot : Blau bei mittlerer Weite das Verhältnis 2,52 : 4,98 bzw. 1 : 1,96. Aus Versuch Nr. 17 sind die Werte für geringe Spaltweite ersichtlich. Das Intensitätsverhältnis von Rot : Blau ist hier 0,604 : 1,17, bzw. 1 : 1,95. Daß dieses Verhältnis auch bei veränderter Reihenfolge der

Spektralbezirke erhalten bleibt, wird durch Versuch Nr. 18 bestätigt. Hier ist es bei mittlerer Öffnung 4,89 : 2,52 bzw. 1,96 : 1.

In den folgenden Serien wird rotadaptiertes Material mit Blaugrün weiter belichtet.

Nr. 19. Rot 100 Watt gegen Grün-2 100 Watt; relative Feuchtigkeit 70%; Temperatur = 23⁰ C,

a) $i_2 = 83,53$: (0) 18.4; (25) 17,5; (65) 15; (95) 12,8; (115) 10; (145) 10,9; (178) 10.

b) $i_2 = 20,55$: (0) 20,8; (13) 22,9; (46) 29; (65) 40; (95) 41,8; (120) 49,9; (143) 51; (156) 50; (175) 51,1.

c) $i_2 = 9,24$: (0) 21,2; (13) 24; (50) 40,5; (65) 54; (90) 57; (116) 69; (141) 71; (162) 68; (175) 68.

d) $i_2 = 3,33$: (0) 20; (10) 24,8; (25) 40; (85) 70,4; (125) 100; (155) 101,9; (177) 101.

e) $i_2 = 36,94$: (0) 19; (44) 21,5; (99) 22,4; (129) 23,8; (139) 22,5; (144) 22,3; (174) 23.

Nr. 20. Rot 100 Watt ($i_1 = 0,604$) gegen Grün-2 100 Watt; relative Feuchtigkeit 70%; Temperatur = 23⁰ C.

a) $i_2 = 3,33$: (0) 69,2; (29) 78,2; (57) 93; (89) 103; (128) 109,8; (146) 109,5.

b) $i_2 = 20,55$: (0) 70; (41) 64,5; (56) 57,5; (85) 50,6; (112) 48; (132) 47,2; (148) 47.

c) $i_2 = 9,24$: (0) 72; (25) **70,8**; (50) **71,7**; (74) **69,2**; (90) **69**; (130) **69,8**.

Nr. 21. Grün-2 100 Watt ($i_1 = 36,93$) gegen Rot 100 Watt; relative Feuchtigkeit 70%; Temperatur = 23⁰ C.

$i_2 = 2,52$: (0) 17; (20) 17,2; (40) 18; (60) 17,9; (80) 17,8; (90) 17,8.

Aus Versuch Nr. 19 ergibt sich folgendes Intensitätsverhältnis von Rot : Grün-2: 2,52 : 36,93 bzw. 1 : 14,6. Bei der Kompensation mit geringeren Weiten (Tabelle 20) ändert sich das Verhältnis wenig: Rot : Grün-2: 0,604 : 9,24 bzw. 1 : 15,6. Durch Vertauschung der Reihenfolge der beiden Adaptationsspektralbezirke in Versuch Nr. 21 tritt auch nur eine geringe Änderung ein: Grün-2 : Rot = 36,93 : 2,52 bzw. 14,4 : 1.

Die Gültigkeit der gefundenen Verhältnisse wird durch ein experimentum crucis, das im Versuch Nr. 22 angeführt ist, bestätigt; hier wird eine Blauadaptation durch Grün-2 fortgesetzt.

Nr. 22. Blau 100 Watt ($i_1 = 4,98$) gegen Grün-2 100 Watt; relative Feuchtigkeit 70%; Temperatur = 23⁰ C.

a) $i_2 = 83,53$: (0) 24,1; (23) 17,5; (53) 15,5; (78) 15; (104) 11,5; (129) 10,5.

b) $i_2 = 9,24$: (0) 22,4; (25) 31,8; (52) 36,8; (77) 48,5; (95) 53,5; (118) 64,5; (142) 65,6.

c) $i_2 = 20,55$: (0) 24,5; (23) 26,7; (43) 31; (71) 34,8; (95) 41,5; (124) 43,5.

d) $i_2 = 36,93$: (0) 23; (25) 22; (54) **22,9**; (82) **23**,8; (100) **24**,5; (118) **23**,5.

Für das Kompensationsverhältnis von Blau zu Grün-2 ergibt sich nach Versuch Nr. 22d 4,98 : 36,93 bzw. 1 : 7,4. Durch Vergleich der Kompensationsintensitäten Rot und Grün-2 bzw. Blau der Serien 17—22 untereinander läßt sich ein Intensitätsverhältnis (Durchschnittswert) von Blau : Grün-2 = 1 : 7,38 errechnen, das dem empirisch ermittelten bis auf etwa 0,7% nahe kommt.

Eine Kompensation zwischen Gelbgrün und anderen Farben war nicht möglich, da die erste Adaptationsweite bei Nachbelichtung selbst mit hohen Intensitäten des Gelbgrün in keinem Falle erhalten blieb; in jedem Versuch bedingte dieser Bezirk eine Schließbewegung.

Nr. 23. Rot 100 Watt ($i_1 = 2{,}52$) gegen Grün-1; relative Feuchtigkeit 70%; Temperatur = 23⁰ C.

a) 100 Watt $i_2 = 14{,}13$: (0) 20; (22) 34,2; (31) 50,6; (53) 73,0; (72) 84,4; (96) 111,5; (147) 127.

b) 100 Watt $i_2 = 5{,}10$: (0) 21,4; (19) 33,5; (34) 52,2; (52) 73,5; (60) 95,4; (85) 115,4; (123) 123,8; (144) 126.

c) 100 Watt $i_2 = 127{,}8$: (0) 22; (15) 34,8; (35) 49,5; (53) 68; (60) 95; (80) 115; (110) 120; (150) 123,5.

d) 500 Watt $i_2 = 296{,}8$: (0) 18; (35) 33; (70) 57,5; (95) 77,6; (125) 104; (152) 109.

e) 500 Watt $i_2 = 132{,}44$: (0) 20; (25) 33,1; (47) 50,0; (71) 85; (109) 106,4; (140) 115; (156) 116,5.

f) $i_2 = 0$ (Dunkel): (0) 22,8; (25) 47,8; (50) 74; (69) 100,8; (82) 114; (98) 125,2; (130) 126,4.

Nr. 24. Grün-2 100 Watt ($i_1 = 3{,}33$) gegen Grün 1; relative Feuchtigkeit 70%; Temperatur = 23⁰ C.

a) 500 Watt $i_2 = 296{,}8$: (0) 99,1; (20) 100,6; (50) 102; (80) 104,8; (110) 109; (155) 115,1.

b) 250 Watt $i_2 = 190{,}96$: (0) 97,6; (30) 99,5; (58) 105; (85) 108,5; (115) 112; (150) 113,2.

Die Schließbewegung in Nr. 23 f, die dort durch vollkommene Verdunkelung eingeleitet wurde, zeigte gegen die übrigen, die mit Grün-1 belichtet waren, einen etwas rascheren Verlauf. Die Zeit, die bis zum Eintreten des Verschlusses bei Grün 1-Belichtung verstrich (23 a—e), betrug durchschnittlich 150 Minuten, während ein Verschluß durch absolute Verdunkelung (23 f) bereits nach etwa 100 Minuten eingetreten war. Aus dieser Tatsache könnte eine Schließungsverzögerung durch diesen Spektralbezirk gegen Dunkelheit abgeleitet werden. Ein zahlenmäßiges Verhältnis für die Wirkung von Grün 1 ließ sich bei diesem Typ nicht ermitteln.

II. *Oxalis lasiandra*[1].

Nr. 24. a) Rot, 100 Watt ($i_1 = 1{,}62$): (0) 50,8; Blau, 100 Watt ($i_2 = 0{,}63$): (18) 64,2; (38) 78,8; (59) 95,2; (85) 106,8; (107) 107,6; (133) 109,6.

b) Rot, 100 Watt ($i_1 = 1{,}62$): (0) 52,2; Blau, 100 Watt ($i_2 = 0{,}86$): (23) 61,8; (39) 76,0; (61) 83,6; (80) 91,0; (101) 93,2; (118) 91,6; (145) 90,4.

c) Rot, 100 Watt ($i_1 = 1{,}62$): (0) 48,2; Blau, 100 Watt ($i_2 = 1{,}17$): (18) 55,6; (32) 66,4; (52) 71,8; (80) 75,8; (90) 78,6; (108) 77,6; (128) 79,6; (144) 78.

d) Rot, 100 Watt ($i_1 = 1{,}62$): (0) 46,8; Blau, 100 Watt ($i_2 = 1{,}69$): (30) 54,6; (51) 57,6; (73) 57,4; (80) 58,8; (107) 57,6; (127) 58,4.

e) Rot, 100 Watt ($i_1 = 1{,}62$): (0) 49,6; Blau, 100 Watt ($i_2 = 2{,}64$): (19) 49,4; (38) 50,0; (57) 49,6; (63) 48,6; (84) 48.

f) Rot, 100 Watt ($i_1 = 1{,}62$): (0) 46,2; Blau, 100 Watt ($i_2 = 3{,}87$): (20) 39,6; (40) 36,6; (57) 36,2; (76) 35,6; (97) 33,4; (123) 35,2.

---

[1] Für alle Versuche Temperatur = 23⁰ C; relative Feuchtigkeit 65 %.

Öffnungsweite und bekannten Intensitäten bestimmter Spektralbezirke. 643

Nr. 25. a) Blau, 100 Watt ($i_1 = 2{,}64$): (0) 47,4; Grün-2, 100 Watt ($i_2 = 25{,}3$): (22) 41,0; (30) 35,8; (49) 36,6; (72) 34,6; (101) 33,8.

b) Blau, 100 Watt ($i_1 = 2{,}64$): (0) 48,4; Grün-2, 100 Watt ($i_2 = 15{,}5$): (9) **49,4**; (29) **50**; (49) **50,2**; (73) 50,8; (94) **51**.

c) Blau, 100 Watt ($i_1 = 2{,}64$): (0) 50,2; Grün-2, 100 Watt ($i_2 = 6{,}79$): (28) 63,0; (48) 77,2; (74) 78,6; (93) 77,4; (109) 78,4.

Aus den Serien Nr. 24 und 25 ergeben sich für *Oxalis* folgende Intensitätsverhältnisse bei mittlerer Öffnungsweite: Rot : Blau = 1,62 : 2,64 bzw. 1 : 1,63, Blau : Grün-2 = 2,64 : 15,5 bzw. 1 : 5,9. Die folgende Serie stellt das Experimentum crucis für die beiden vorangegangenen dar.

Nr. 26. a) Rot, 100 Watt ($i_1 = 1{,}62$): (0) 51; Grün-2, 100 Watt ($i_2 = 1{,}24$): (16) 64; (32) 77,8; (52) 85,4; (87) 101,8; (113) 108,8; (141) 107,8; (164) 109.

b) Rot, 100 Watt ($i_1 = 1{,}62$): (0) 48; Grün-2, 100 Watt ($i_2 = 1{,}70$): (20) 63,8; (36) 77,0; (50) 86,8; (80) 99,0; (97) 107,4; (117) 107,0; (147) 107,0.

c) Rot, 100 Watt ($i_1 = 1{,}62$): (0) 59; Grün-2, 100 Watt ($i_2 = 6{,}79$): (10) 61,8; (77) 66,2; (42) 77,8; (65) 77,4; (87) 76,2; (112) 78,0; (141) 78,6.

d) Rot, 100 Watt ($i_1 = 1{,}62$): (0) 52; Grün-2, 100 Watt ($i_2 = 15{,}53$): (22) **51,6**; (42) **52,4**; (59) **54,4**; (79) **53,8**; (102) **54,6**; (120) **54,6**.

e) Rot, 100 Watt ($i_1 = 1{,}62$): (0) 50,0; Grün-2, 100 Watt ($i_2 = 15{,}5$): (15) **49,6**; (35) **50,4**; (55) **50,8**; (80) **51,4**; (100) **50**; (123) **49,6**.

f) Rot, 100 Watt ($i_1 = 1{,}62$): (0) 46,8; Grün-2, 100 Watt ($i_2 = 20{,}55$): (23) 37,8; (41) 35,0; (61) 35,8; (86) 36,4; (107) 37,4; (132) 37,6.

Das Intensitätsverhältnis, das sich aus Nr. 26 ergibt, ist folgendes: Rot : Grün-2 = 1,62 : 15,5 bzw. 1 : 9,6. Das aus den Versuchen Nr. 24 und 25 errechnete Verhältnis von Rot : Grün-2 ist 1 : 9,7, das mit dem gefundenen beinahe übereinstimmt.

Auf Grund der Erfahrungen bezüglich der geringen Wirksamkeit des gelbgrünen Bezirkes ist in den folgenden Serien versucht worden, eine Öffnung mit diesem Bezirk an dunkel adaptiertem Material zu erreichen. Durch Vergleich einer derartigen Öffnung mit der eines anderen Bezirkes läßt sich nur ein Näherungsverhältnis ermitteln, da, wie bereits erwähnt, die physiologischen Zustandsänderungen während einer Dunkelperiode und deren Einfluß auf nachfolgende Adaptation unbekannt sind und bei sehr geringer Spaltweite der Vergleich der Wirksamkeit verschiedener Qualitäten ungenau ist.

Nr. 27. a) Dunkel: (0) 108,6; Grün-1, 250 Watt ($i_2 = 150$): (19) 104,2; (41) 99,6; (62) 100,4; (83) 100,61.

b) Dunkel: (0) 109,8; Grün-1, 250 Watt ($i_2 = 150$): (16) 107,0; (35) 101,6; (57) 101,8; (75) 100,8; (92) 100,6.

c) Dunkel: (0) 108,0; Grün-1, 500 Watt ($i_2 = 184$): (18) 97,2; (22) 95,0; (44) 93,6; (67) 93,2.

Nr. 28. Dunkel: (0) 107,2; Blau, 100 Watt ($i_2 = 0{,}86$): (19) 94,6; (38) 92,8; (56) 91,8; (75) 91,6.

Aus Nr. 27 a—c geht hervor, daß bei dem Vertreter dünnblättriger Schattenpflanzen, *Oxalis lasiandra*, der Bezirk Grün-1 bei hohen Intensitäten noch eine schwache Öffnung bedingt. Ein Intensitätsvergleich mit Versuch Nr. 28 zeigt, daß die gleiche Apertur im blauen Licht von einer Intensität erreicht wird, die nur den 214. Teil darstellt. Das Intensitätsverhältnis von Grün-1 : Blau wäre also etwa 214:1.

III. Zea Mays.

Für alle Versuche $t = 23^0$ C (Mittel), relative Feuchtigkeit = 50%. Durch Bestreichen der Blattoberseiten mit Vaseline wurde ein Passieren der Luft senkrecht zur Spreite verhindert.

Nr. 29. a) Rot, 250 Watt ($i_1 = 7{,}79$): (0) 72; Blau, 250 Watt ($i_2 = 88{,}2$): (17) 56; (38) 42,6; (63) 31,6; (81) 23,8; (103) 22; (127) 21,8.

b) Rot, 250 Watt ($i_1 = 7{,}79$): (0) 69,4; Blau, 250 Watt ($i_2 = 11{,}7$): (20) **70,4**; (39) **71,0**; (55) **70,4**; (74) **69,4**; (112) **70,6**.

c) Rot, 250 Watt ($i_1 = 7{,}79$): (0) 71,8; Blau, 250 Watt ($i_2 = 9{,}82$): (17) **72,0**; (36) **73,8**; (55) **74,6**; (78) **75,6**; (101) **75,0**.

d) Rot, 250 Watt ($i_1 = 7{,}79$): (0) 70,6; Blau, 250 Watt ($i_2 = 1{,}94$): (20) 78,8; (38) 87,0; (57) 106,4; (76) 118,2; (93) 130; (117) 131,6; (139) 132,4.

Nr. 30. a) Blau, 250 Watt ($i_1 = 11{,}7$): (0) 69,0; Rot, 250 Watt ($i_2 = 11{,}9$): (13) 65,6; (25) 60,8; (45) 55,4; (70) 54,6; (89) 55,6.

b) Blau, 250 Watt ($i_1 = 11{,}7$): (0) 70,6; Rot, 250 Watt ($i_2 = 7{,}79$): (23) **71,0**; (51) **71,6**; (74) **72,0**; (98) **70,8**.

c) Blau, 250 Watt ($i_1 = 11{,}7$): (0) 71,9; Rot, 250 Watt ($i_2 = 235$): (20) 78,6; (38) 87,6; (58) 94,4; (83) 96,2; (103) 95,8.

Aus den Serien Nr. 29 und 30 ergibt sich für Rot : Blau das Intensitätsverhältnis 1:1,39 bzw. 1:1,5. Auch zeigt sich, daß die Reihenfolge der Spektralbezirke ohne Wirkung auf das Verhältnis der Wirksamkeit ist.

Nr. 31. a) Blau, 250 Watt ($i_1 = 11{,}7$): (0) 67,6; Grün-2, 250 Watt ($i_2 = 106{,}4$): (22) 64,2; (43) 60,6; (63) 55,6; (82) 54,4; (107) 55.

b) Blau, 250 Watt ($i_1 = 11{,}7$): (0) 68,6; Grün-2, 250 Watt ($i_2 = 90{,}5$): (13) **69,4**; (33) **68,4**; (56) **67,8**; (104) **67**.

c) Blau, 250 Watt ($i_1 = 11{,}7$): (0) 70; Grün-2, 250 Watt ($i_2 = 72{,}2$): (13) 72,8; (38) 75; (62) 75,8; (88) 76,6.

d) Blau, 250 Watt ($i_1 = 11{,}7$): (0) 70,8; Grün-2, 250 Watt ($i_2 = 62{,}2$): (26) 77; (45) 84,2; (67) 86,8; (92) 86,8.

Das Intensitätsverhältnis von Blau : Grün-2 ist bei mittlerer Weite 11,7 : 90,5 oder 1 : 7,74.

Nr. 32. a) Rot, 250 Watt ($i_1 = 7{,}79$): (0) 70,2; Grün-2, 250 Watt ($i_2 = 106{,}4$): (17) 61,6; (40) 53,2; (67) 53,4; (94) 52,6.

b) Rot, 250 Watt ($i_1 = 7{,}79$): (0) 71,4; Grün-2, 250 Watt ($i_2 = 87{,}0$): (23) **70,6**; (47) **71,2**; (73) 71; (103) **61,8**.

c) Rot, 250 Watt ($i_1 = 7{,}79$): (0) 73,0; Grün-2, 250 Watt ($i_2 = 62{,}2$): (24) 78,2; (49) 84,8; (78) 87,4; (98) 85,8.

d) Rot, 250 Watt ($i_1 = 7{,}79$): (0) 74,2; Grün-2, 250 Watt ($i_2 = 43{,}8$): (24) 86,2; (35) 98; (49) 108,8; (66) 111,8; (88) 113,6; (105) 112,6.

e) Rot, 250 Watt ($i_1 = 7{,}79$): (0) 74; Grün-2, 250 Watt ($i_2 = 16{,}0$): (21) 88,6; (42) 107,8; (61) 124; (80) 138,4; (103) 138,6.

Nr. 33. a) Grün-2, 250 Watt ($i_1 = 90{,}5$): (0) 70,6; Rot, 250 Watt ($i_2 = 7{,}79$): (22) **71,6**; (44) 72; (68) **72,4**; (93) 72.

Öffnungsweite und bekannten Intensitäten bestimmter Spektralbezirke. 645

b) Grün-2, 250 Watt ($i_1 = 90{,}5$): (0) 72,4; Rot, 250 Watt ($i_2 = 11{,}4$): (18) 68,8; (38) 62; (57) 62,4; (75) 67,4; (94) 66,8; (109) 67,4.

c) Grün-2, 250 Watt ($i_1 = 90{,}5$): (0) 71,6; Rot, 250 Watt ($i_2 = 4{,}53$): (13) 77,8; (34) 81,8; (55) 84,0; (79) 85,6; (105) 86,0.

Die Serien Nr. 32—33, die beide als Experimenta crucis der vorangegangenen Versuche mit *Zea Mays* gelten, ergeben für Rot : Grün-2 ein Intensitätsverhältnis von 1 : 11,2 bzw. 1 : 11,6. Das Mittel der beiden gefundenen Verhältnisse nähert sich dem errechneten 1 : 12,2 bis auf 6,9%.

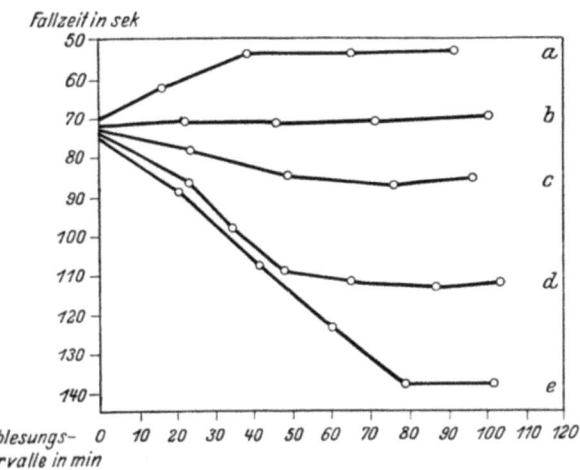

Abb. 8. Blaugrünbelichtung nach Rotadaptation (*Zea Mays*; Vers. 32).

IV. *Opuntia coccinellifera*[1].

Nr. 34. a) Rot, 500 Watt ($i_1 = 42{,}5$): (0) 58,0; Blau, 500 Watt ($i_2 = 91{,}5$): (10) **59**; (30) **58,2**; (50) 58,8; (70) **58,6**; (90) **59**.

b) Rot, 500 Watt ($i_1 = 42{,}5$): (0) 60; Blau, 500 Watt ($i_2 = 44{,}4$): (19) 64,2 (37) 74,4; (59) 80,8; (83) 81; (100) 80,2; (118) 79,4.

Nr. 35. a) Blau, 500 Watt ($i_1 = 91{,}5$): (0) 58; Rot, 500 Watt ($i_2 = 10{,}5$): (14) 81,2; (27) 92,4; (43) 103; (61) 113,2; (79) 118,8; (97) 118,2; (115) 119.

b) Blau, 500 Watt ($i_1 = 91{,}5$): (0) 58; Rot, 500 Watt ($i_2 = 23{,}4$): (15) 73,2; (30) 85,2; (50) 91,5; (83) 92,8; (90) 91,2.

c) Blau, 500 Watt ($i_1 = 91{,}5$): (0) 57,2; Rot, 500 Watt ($i_2 = 42{,}5$): (20) 58,0; (40) 58,0; (59) 57,4; (75) 58,2; (95) 58,8.

Aus der Serie Nr. 34 und 35 ergibt sich für Rot : Blau das Intensitätsverhältnis 1 : 2,15. Die Reihenfolge der Spektralbezirke ist ohne Einfluß auf dieses Verhältnis.

Nr. 36. a) Rot, 500 Watt ($i_1 = 23{,}4$): (0) 101; Grün-2, 500 Watt ($i_2 = 114$): (20) **102**; (39) **102,2**; (57) 100,8; (75) **103,8**; (88) **101,2**.

b) Rot, 500 Watt ($i_1 = 23{,}4$): (0) 102,2; Grün-2, 500 Watt ($i_2 = 47{,}8$): (12) 107,8; (25) 115,2; (40) 121,2; (60) 124; (80) 124,6.

c) Rot, 500 Watt ($i_1 = 23{,}4$): (0) 103; Grün-2, 500 Watt ($i_2 = 33{,}5$): (9) 117,2; (42) 130,8; (62) 134,2; (77) 134,0; (101) 132,8.

---
[1] Für alle Versuche Temperatur = 24° C; relative Feuchtigkeit = 90%; wenn nicht anders vermerkt.

Das Intensitätsverhältnis von Rot : Grün-2 ist bei *Opuntia coccinellifera* 1 : 4,86. Aus den Versuchen der Serien Nr. 34—36 läßt sich theoretisch das Verhältnis von Blau : Grün-2 errechnen; es beträgt 1 : 2,26. Der folgende Versuch Nr. 37 zeigt, daß es 1 : 2,06 ist.

Nr. 37. Grün-2, 500 Watt (i_1 = 114): (0) 103; Blau, 500 Watt (i_2 = 56,0): (8) **103**, (16) **103,6**; (30) **103,8**; (50) **104**; (72) **104,2**; (80) **104,0**; (120) **104,0**.

Daß man angenähert richtige Schlüsse über die Wirksamkeit verschiedener Spektralbezirke ziehen kann, wenn man nicht, wie bei der Kompensationsmethode, die verschiedenen Qualitäten im gleichen Versuch direkt aufeinander folgen läßt, zeigen folgende Versuche. Bei ihnen wurden Adaptationen bei verschiedenen Qualitäten und Quantitäten an verschiedenem Material von *Opuntia coccinellifera* zu verschiedenen Tagen, jedoch zu gleichen Tageszeiten ausgeführt und die Adaptationsfallzeiten nachträglich verglichen; die Übereinstimmung der auf diese Weise gewonnenen Werte mit denen mit der Kompensationsmethode erzielten ist meist recht gut.

Nr. 38. a) Dunkel: (0) 142,8; Rot, 500 Watt (i_2 = 10,5): (20) 140,2; (38) 138,2; (60) 136,4; (80) 133,2; (100) 132; (125) 130; (145) 127,2; (167) 127,8; (175) 126,2.

b) Dunkel: (0) 141,4; Rot, 500 Watt (i_2 = 23,4): (20) 138,6; (40) 133; (60) 126,2; (90) 114,6; (120) 98,6; (140) 97,2; (165) 99; (185) 98,2.

c) Dunkel: (0) 139,6; Rot, 500 Watt (i_2 = 70,0): (20) 132,6; (40) 123,6; (65) 97,0; (80) 81,6; (100) 62,6; (120) 54,0; (145) 52,6; (170) 53,6; (190) 52.

d) Dunkel: (0) 139,6; Rot, 500 Watt (i_2 = 42,5): (20) 134,8; (40): 120,6; (60) 109,6; (80) 93,8; (100) 82; (120) 71,4; (140) 68,2; (160) 69,2; (180) 69.

Nr. 39. a) Dunkel: (0) 139,5; Grün-1, 250 Watt (i_2 = 150): (30) 139,6; (60) 140,0; (120) 139,2; (165) 140.

b) Dunkel: (0) 139,2; Grün-1, 500 Watt (i_2 = 305): (13) 140,2; (28) 139,2; (48) 139,6; (68) 140,4; (88) 139,4; (113) 140; (137) 139,4; (161) 140,4.

Nr. 40. a) Dunkel: (0) 140,2; Grün-2, 500 Watt (i_2 = 33,5): (19) 139; (40) 138,2; (65) 139,1; (85) 138,1; (105) 137,8; (125) 137,8; (145) 138; (155) 138,8.

b) Dunkel: (0) 138; Grün-2, 500 Watt (i_2 = 47,8): (25) 137,2; (45) 135,8; (60) 134,8; (80) 130,8; (100) 128,2; (120) 126; (135) 123,6; (150) 125; (170) 126; (189) 122,8.

c) Dunkel: (0) 138,8; Grün-2, 500 Watt (i_2 = 120): (30) 135,2; (50) 125,8; (75) 121,8; (90) 117,2; (110) 116; (130) 116,4; (145) 116; (165) 113,8; (185) 113.

d) Dunkel: (0) 138,7; Grün-2, 500 Watt (i_2 = 142): (19) 137,2; (47) 128,8; (68) 122; (88) 111,8; (107) 105,8; (130) 106,2; (150) 104; (165) 104; (190) 102.

Nr. 41. a) Dunkel: (0) 141; Blau, 500 Watt (i_2 = 19,6): (35) 138,5; (55) 138; (79) 137,2; (90) 137; (160) 135,4; (185) 133,1; (209) 134,2; (204) 133.

b) Dunkel: (0) 138; Blau, 500 Watt (i_2 = 44,4): (15) 138,1; (35) 135,2; (60) 128,2; (75) 118,2; (95) 115; (115) 105,2; (135) 101,4; (160) 100; (182) 101,4; (200) 99,5.

c) Dunkel: (0) 138; Blau, 500 Watt (i_2 = 60,0): (17) 134,8; (45) 128,2; (55) 116,6; (75) 115; (95) 97,4; (115) 90; (125) 88,8; (145) 88,2; (165) 88,2; (180) 88.

d) Dunkel: (0) 139,6; Blau, 500 Watt (i_2 = 91,5): (15) 136,5; (35) 128,6; (55) 118,8; (75) 104,6; (90) 85; (110) 74,8; (130) 68,8; (152) 68,2; (175) 70; (194) 69.

Öffnungsweite und bekannten Intensitäten bestimmter Spektralbezirke. 647

Aus den Serien Nr. 38—41 lassen sich durch Intensitätsvergleiche der Versuche mit etwa gleichen Porometerzeiten folgende Verhältnisse der Wirksamkeit bei gleicher Intensität entnehmen (Kol. 5):

Tabelle 42.

1	2	3	4	5
1.	38b/41b	Rot : Blau	1,9 : 1 ⎫ 2,03	2,15 : 1
2.	38d/41d	Rot : Blau	2,15 : 1 ⎭	
3.	41b/40d	Blau : Grün$_2$	3,2 : 1 ⎫ 2,45 : 1	2,6 : 1
4.	41a/40a	Blau : Grün$_2$	1,7 : 1 ⎭	
5.	38a/40b	Rot : Grün$_2$	4,56 : 1	4,68 : 1

In der vierten Kolumne der Zusammenstellung sind die Verhältnisse eingetragen, wie sie sich aus der Kompensationsmethode ergeben. Es zeigt sich in den Fällen 1, 2 und 5 eine gute Übereinstimmung. Bestimmt man von den Blau : Grün$_2$-Vergleichen das Mittel, so erhält man 2,45:1, einen Wert, der mit dem der Kompensationsmethode ebenfalls gut übereinstimmt. Das aus 1, 2 und 5 errechnete Wirkungsverhältnis von Blau : Grün$_2$ ist 2,25 : 1.

In den besprochenen Kompensationsversuchen wurde das Verhältnis der gleiche Wirkung ausübenden Intensitäten verschiedener Qualitäten angegeben. In folgender Tabelle Nr. 43 sind die Wirkungsfaktoren dieser Spektralbezirke für die vier untersuchten Pflanzen zusammengestellt, wobei der Wirkungsfaktor für Rot jeweils = 100 gesetzt wurde.

Tabelle 43.

Wirkungsverhältnisse bei gleichen Intensitäten der einzelnen Spektralbezirke (Rot = 100 gesetzt).

Material	Rot	Grün 1	Grün 2	Blau
Tradescant. flum.	100	—	7,8	51,2
Oxalis las.	100	(0,47)	10,4	61,5
Zea Mays	100	—	8,8	69,0
Opuntia cocc.	100	—	20,7	46,7

B. Untersuchungen über Kurzbelichtung und intermittierende Belichtung der Schließzellen.

Die Ergebnisse der bisherigen Versuche lassen in der Spaltbewegung einen Prozeß vermuten, der unter Beteiligung des Chlorophylls abläuft, wahrscheinlich einen assimilatorischen Vorgang. Da LINSBAUER die Stomatärbewegung als Reizwirkung deutet, sind im folgenden einige der Kurzbelichtungen und intermittierenden Belichtungen angeführt, deren Resultate zur Kritik dieser Anschauung herangezogen werden sollen.

Die Versuche mit Kurzbelichtung wurden mit der Porometermethode ausgeführt, infolgedessen war ein Studium der Spannungsphase nicht möglich. Auch die Wirkung von Kurzbelichtung auf Dunkelmaterial

648 K. W. Paetz: Untersuchungen über die Zusammenhänge zwischen stomatärer

wurde nicht untersucht, da bereits in Vorversuchen festgestellt wurde, daß eine Verdunkelung die Reaktionsfähigkeit der Spalten beeinflußt. Bei allen Versuchen wurde stets mit rotem Licht in geringer oder mittlerer Intensität ($i = 0{,}632$, $i' = 2{,}52$), das auf alle Fälle bei den Schließzellen die Überwindung der Spannungsphase veranlaßte, vorbelichtet. Nach den Ergebnissen der Vorversuche wurden die Erfahrungen der Kompensationsmethode auch hier bestätigt, daß nämlich die Reaktionsfähigkeit am höchsten bei denjenigen Spalten ist, die sich in einem Adaptationszustand mittlerer Weite befinden.

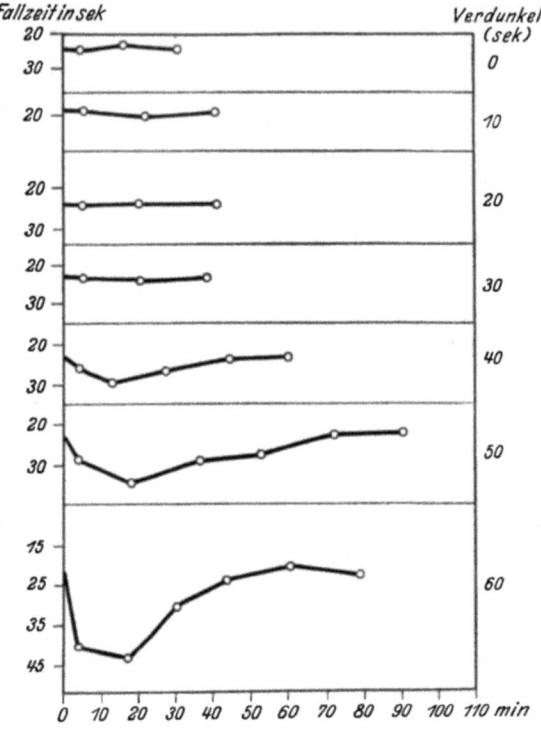

Abb. 9. Wirkung kurz dauernder Verdunkelung auf die Spaltweite. (Vgl. Vers. 44.)

Zunächst sei eine Versuchsserie beschrieben, bei der das an eine mittlere Intensität adaptierte (Rot, $i = 2{,}52$) Material 10, 20, 30 usw. bis 60 Sekunden lang einmalig verdunkelt und anschließend weiter mit der Vorbelichtungsqualität und -intensität bestrahlt ist.

Nr. 44. Dunkelperioden von 10, 20, 30 ... 60 Sekunden Dauer an rotadaptiertem Material. (Rot, 100 Watt [$i = 2{,}52$].)
   a) 10 Sekunden: (0) 22,6; (4) 23; (15) 22,1; (30) 22,8.
   b) 20   „   (0) 18,6; (5) 19,1; (21) 19,9; (40) 19.
   c) 30   „   (0) 22,5; (5) 22,9; (20) 22,6; (40) 23.
   d) 40   „   (0) 21,3; (5) 21,9; (20) 22,8; (38) 21,3.
   e) 50   „   (0) 22,5; (4) 25; (13) 27,9; (26) 26,1; (44) 22,6; (59) 21,9.
   f) 60   „   (0) 22,4; (4) 28,6; (18) 33,8; (36) 29,1; (52) 27,2; (71) 22; (89) 21,4.

Nach einer Dunkelperiode bis zu 30 Sekunden Länge (a—c) wurde noch keine Beeinflussung der Spaltweite festgestellt. Bei Wiederbelichtung zeigten die Porometerzeiten lediglich die normalen Schwankungen um die Adaptationslage (Abb. 9). Erst von 40 Sekunden Zwischenver-

Öffnungsweite und bekannten Intensitäten bestimmter Spektralbezirke. 649

dunkelung ab (d) war eine Nachwirkung festzustellen, die mit steigender Dunkelperiode durch eine fortschreitende Schließbewegung dargestellt wurde. Das Erreichen der ursprünglichen Öffnungsweite hing, wie bereits früher erwähnt, zeitlich von der jeweiligen Differenz zwischen der vorhandenen Öffnungsweite und der ersteren ab.

Die Beziehung geht noch deutlicher aus der folgenden Serie (Nr. 45, Abb. 10) hervor, bei der 1, 10—40 Sekunden ununterbrochen mit gegen Vorbelichtung *erhöhter Intensität* belichtet wurde. Das Material ist mit Rot ($i = 2{,}52$) bis zur Adaptation vorbelichtet. Nachdem diese Belich-

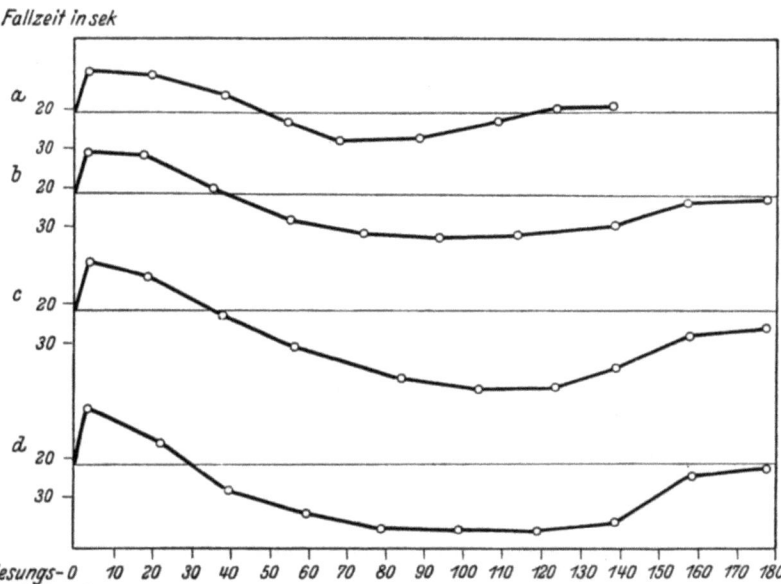

Abb. 10. Wirkung kurz dauernder Belichtungssteigerung auf die Spaltweite. (Vgl. Vers. 45.)

tung durch eine solche mit Weiß 500 Watt ($i = 19\,000$) bei :: unterbrochen ist, wird mit der ersten Intensität und Qualität weiter bestrahlt.

Nr. 45. *Kurzbelichtung an rotadaptiertem Material (Tradescantia fluminensis)* Rot, 100 Watt (i = 2,52); Kurzbelichtung Weiß, 500 Watt (i = 19 000); Dauer: 1, 10, 20, 30, 40 Sekunden.

- a) 1 Sekunde: (0) 20,6; :: (2) 20,6; (15) 20,6; (31) 20,2; (54) 19,8; (95) 19,8; (105) 20,2.
- b) 10 Sekunden: (0) 21,6; :: (4) 11,2; (20) 12,1; (40) 16,9; (55) 24,2; (69) 68,8; (90) 28,4; (110) 24,2; (125) 21; (140) 20,1.
- c) 20 „ (0) 21,6; :: (4) 12,2; (20) 13; (36) 21,8; (56) 29,3; (75) 32,6; (95) 34; (115) 33,2; (140) 30,9; (159) 25,2; (18) 24,1.
- d) 30 „ (0) 22,7; :: (4) 10,2; (19) 14,2; (48) 24; (67) 31,9; (85) 39,9; (105) 42,8; (125) 42,2; (140) 37,5; (160) 29,6; (180) 26,9.
- e) 40 „ (0) 22,2; :: (3) 8; (22) 16,8; (40) 28,9; (60) 34,7; (80) 38,6; (100) 39; (120) 39,7; (140) 36,8; (160) 25,4; (180) 22,8.

Es zeigt sich besonders bei Betrachtung von Abb. 10, daß nach dem Lichtwechsel die Reaktion sehr schnell einsetzt, die Spaltweite nach wenigen Minuten ein Maximum bzw. die Fallzeit ein Minimum erreicht, das mit Verlängerung der Belichtungsdauer immer mehr die Ausgangsspaltweite übersteigt. Darauf folgt ein langsames Schließen, das sogar über den Ausgangswert hinausgeht. Der Erfolg der Reaktion wird also durch eine Gegenreaktion überkompensiert. Bei Exposition von 1 Sekunde Dauer wurde eine Reaktion nicht wahrgenommen, doch zeigte der nun folgende Versuch (Nr. 46) mit intermittierender Belichtung, daß auch solche kurze Exposition von Wirkung ist, wenn die Pausen zwischen den Lichtperioden 1 oder 3 Sekunden betrugen. Bei Pausen von 10 Sekunden Dauer war jedoch keine Wirkung zu beobachten.

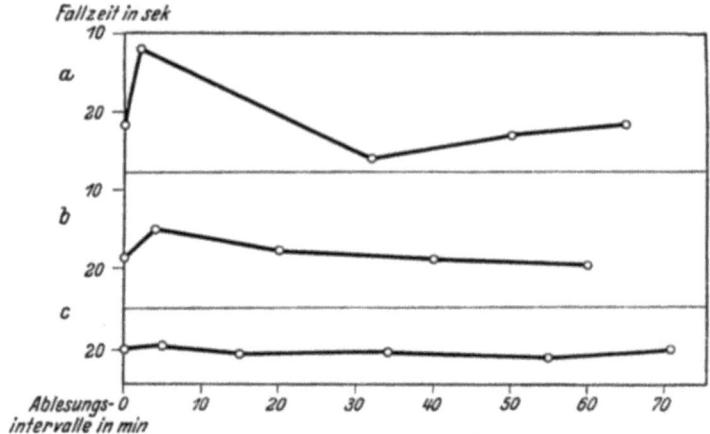

Abb. 11. Summation intermittierender Kurzbelichtung. (Vgl. Vers. 46.)

Nr. 46. *Summation von Kurzbelichtungen an rotadaptiertem Material (Tradescantia fluminensis).* Rot, 100 Watt (i = 2,52); intermittierende Belichtung mit Weiß, 500 Watt (i = 19 000); 10mal nacheinander je 1 Sekunde lang mit a) 1 Sekunde, b) 3 Sekunden, c) 10 Sekunden Zwischenverdunkelung.
a) (0) 21,2; : : (4) 12,1; (17) 19,1; (32) 26,1; (50) 23; (65) 21,6.
b) (0) 18,8; : : (4) 15,2; (20) 17,9; (40) 19; (60) 19,6; (72) 19,6.
c) (0) 20,6; : : (5) 20; (15) 21,2; (34) 20,2; (55) 21,8; (71) 20,1.

Man kann hieraus schließen, daß die Vorgänge in den Schließzellen, die zu einer Erweiterung des Spaltes führen, bei der in diesen Versuchen angewendeten Intensitätsdifferenz von Vor- und Versuchsbelichtung schon von weniger als 1 Sekunde dauernder Kurzbelichtung eingeleitet werden, und daß sie nach Kurzbelichtung von dieser Dauer zwischen 3 und 10 Sekunden abklingen.

Der Vergleich mit Versuch Nr. 45 zeigt hierzu, daß diese Nachwirkung der Belichtung mit deren Dauer immer länger wird. Weiter zeigt ein Vergleich des Versuches Nr. 46a, der eine Fallzeit von 9,1 Sekunden auf-

Öffnungsweite und bekannten Intensitäten bestimmter Spektralbezirke. 651

Tabelle 47. Die steigenden Differenzen der Porometerzeiten bei zunehmender Größe von $(i \cdot t)$ der Kurzbelichtung an Material geringer Öffnungsweite. Material: *Tradescantia fluminensis*.

Intensität (weiß)	Zeichen	Zeit (Min.)	$i \cdot t$	$\dfrac{i \cdot t}{283,4}$	Differenz (Sek.)
19000		0,17	3240	11,4	0
19000		0,34	6470	22,8	1,0
19000		0,50	9500	33,5	1,7
19000		0,68	13900	49,0	2,0
19000	×	0,85	16200	57,0	2,5
19000		1,00	19000	67,2	5,5
19000		1,17	22250	78,5	5,3
19000		1,34	25500	90,0	6,2
19000		1,50	28500	100,2	7,1
283,4		10,00	2834	10,0	1,2
283,4	+	15,00	4250	15,0	2,6
283,4		20,00	5668	20,0	3,5
283,4		30,00	8512	30,0	6,4
4564,0		1,00	4564	16,5	3,9
2017,0		1,00	2017	7,1	2,1
1123,0		1,00	1123	3,9	0,0
283,4	□	1,00	283,4	1,0	(0,4)!
4564,0		5,00	22820	80,2	14,9
2017,0		5,00	10085	35,2	5,8
1123,0		5,00	5616	19,8	0,0
283,4		5,00	1417	5,0	(0,3)!
19000		1,00	19000	67,2	5,6
19000	⌐	5,00	95000	335,0	16,8
19000		10,00	190000	672,0	31,9
4564	□	10,00	45640	165,0	17,2
2017	⊕	10,00	20170	71,0	9,8
1123	⊖	10,00	11230	39,6	4,0
283,4	⊕	10,00	2834	10,0	1,0
4564,0		10,00	45640	165,0	18,0
4564,0	△	15,00	68800	243,0	18,6
4564,0		20,00	91280	322,0	22,4
4564,0		30,00	136920	485,0	31,8
19000		10,00	190000	672,0	33,4
19000		15,00	285000	1020,0	46,0
19000		20,00	380000	1340,0	58,5
19000		30,00	570000	2020,0	66,6
19000	○	40,00	760000	2680,0	86,5
19000		50,00	950000	3350,0	96,0
19000		60,00	1140000	4000,0	106,4
19000		75,00	1423000	5000,0	107,6

weist, mit dem einer kontinuierlichen 10 Sekunden langen Belichtung gleicher Intensität bei Nr. 48b, wo die Differenz 10,4 Sekunden beträgt, daß die Wirkungen der Einzelbelichtungen von 1 Sekunde fast völlig summiert werden, wenn Belichtung zu Pause sich verhalten wie 1:1. — Eine Diskussion dieses Resultates, das entweder als Reizreaktion oder in der Richtung der WARBURGschen Versuche (1919) gedeutet werden könnte, ist in die Schlußbetrachtung einbezogen.

Die in Tabelle Nr. 47 zusammengestellten Werte aus Kurzbelichtungsversuchen sind in Abb. 12 graphisch dargestellt. Die Ordinate stellt die

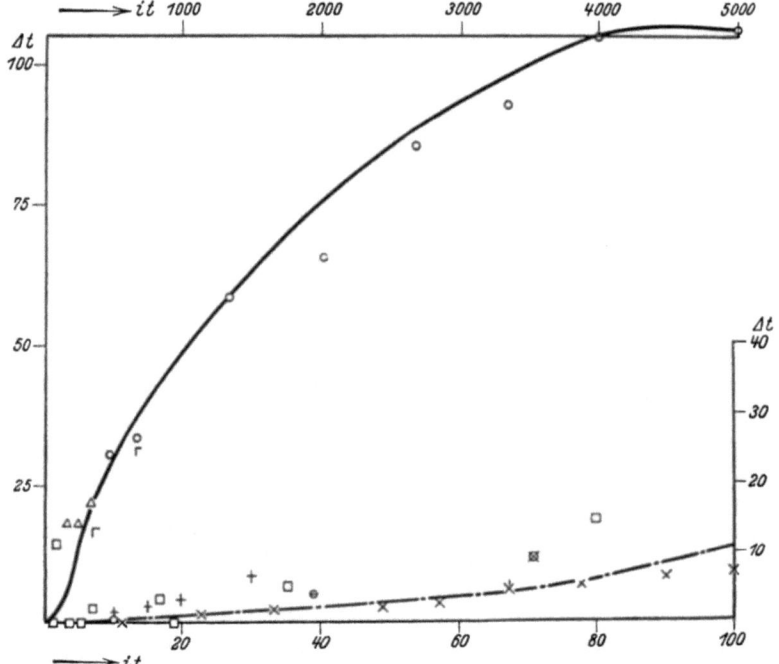

Abb. 12. Änderung der Porometerzeit (Δt) bei Einwirkung einer Lichtmenge ($i\,t$); vgl. Tab. 47.

Differenz der Porometerzeit in Sekunden (Δt) und die Abszisse das Produkt aus Intensität (i) und Zeit (t) der Kurzbelichtung dar. Die Werte niederer Differenzen (für $i \cdot t = 0$—100) sind in der unteren Kurve eingetragen, da bei dem Maßstabe der ganzen Kurve deren S-Form nicht genügend hervortritt.

Aus der Kurve geht hervor, daß mit der steigenden, auf die Blattfläche auffallenden Lichtmenge die maximale Differenz der Fallzeit bei Vorbelichtung und nach der Belichtung mit der Lichtmenge $i \cdot t$ gleichsinnig mit dieser, aber nicht proportional anwächst. Bei 106,4 Sekunden und 107,6 Sekunden sind die Spalten schon so weit geöffnet, daß sie die Maximalweite erreicht haben können; sie sind also in der Zeit 60—75 Minuten an das nach der Vorbelichtung gebotene starke Licht schon adaptiert. Die Kurve geht hier bereits in horizontale Richtung über, die sie annähernd auch im Anfangsteil zeigt, während der Verlauf in der Mitte steiler ist, d. h. eine geringe Lichtmenge bedingt am Anfang und am Ende, vielleicht infolge einer gewissen Reaktionsträgheit eine geringe Differenz. In der Nähe des Adaptationszustandes ist, wie bereits früher erwähnt, auf Grund von Intensitätssteigerung nur noch eine schwache Öffnungsbewegung und schließlich keine Bewegungsreaktion mehr beobachtet worden (Adaptation).

IV. Schlußbetrachtung.

Aus den vorliegenden Untersuchungen geht der große Einfluß des Lichtes auf die Stomatärbewegungen bei konstanter Luftfeuchtigkeit hervor. Vom Spektrum sind wiederum einzelne Bezirke von verschiedener Wirksamkeit. Wir unterscheiden zwei Maxima. Das eine liegt zwischen 620 und 700 mμ, das andere zwischen 500 und 410 mμ. Durch Variierung der Intensitäten ist es möglich, mit jedem der beiden Spektralbezirke den gleichen Öffnungseffekt zu erzielen, wobei die Intensität des langwelligen Maximums ungefähr doppelt so stark wirkt wie die gleiche des kurzwelligen. Die Untersuchungen, die an Vertretern LOFTFIELDscher Typen vorgenommen sind, zeigen, daß dieses Verhältnis bei den von mir untersuchten Pflanzen ein ähnliches ist. Es ist bei *Tradescantia fluminensis* 1,95 : 1, *Oxalis lasiandra* 1,62 : 1, *Zea Mays* 1,44 : 1, *Opuntia coccinellifera* 2,1 : 1. Von der Pflanzenart abhängige Unterschiede sind also vorhanden.

Da die Schließzellen im Gegensatz zu den umliegenden Epidermiszellen chlorophyllhaltig sind, liegt es sehr nahe, dies mit den relativen Wirkungen der Einzelbezirke in kausale Beziehung zu setzen. Da die beiden Bezirke einer maximalen Wirkung auf die Öffnungsweite zugleich Absorptionsgebiete des Chlorophylls sind, ist die Annahme einer *Energieerfassung* durch die Chloroplasten der Schließzellen und daraus resultierender Öffnung wahrscheinlich. Diese Annahme wird noch bestärkt durch die oben genannten Wirkungsverhältnisse, die sich alle um das von TIMIRIAZEFF (1903) gefundene Assimilationsverhältnis Rot : Blau = 100 : 54 bzw. 1,85 : 1 gruppieren.

Dieser Anschauung widersprechen anscheinend die Ergebnisse KÜMMLERS (1922), der an Schließzellen von Weißrandpelargonien, die nach seiner Meinung chlorophyllfreie Plastiden enthielten, ebenfalls Öffnungsbewegungen beobachtete, wenn auch die maximale Spaltweite unter normalen Bedingungen nicht die Größe chlorophyllhaltiger erreichte.

KÜMMLER (1922) stellt die Abwesenheit von Chlorophyll lediglich durch Beobachtung im weißen Lichte fest. Es wäre also denkbar, daß ihm geringe Mengen des Farbstoffes, wie sie im Fluoreszenzmikroskop noch beobachtet werden können, entgangen sind. Diese Annahme wurde von mir für einen Fall bestätigt (*Pelargonium*). Die von KÜMMLER untersuchten Pflanzen (weißbunte Varietäten) besitzen nur schmal panaschierte Blattpartien, die sich für Porometeruntersuchungen wegen ihres geringen Flächeninhaltes nicht eignen. — Auf Anraten von Herrn Prof. RUHLAND nahm ich Porometeruntersuchungen an *Caladium* spec. vor, einer Varietät, die an den weißen Teilen ihrer Blätter chlorophyllfreie Schließzellen besitzt, wie die Kontrolle im Fluoreszenzmikroskop zeigte.

In Anbetracht dessen, daß die Frage nach der Bedeutung der Chlorophyllmenge für die Assimilationsintensität noch strittig ist (vgl. WILLSTAETTER u. STOLL [1918] einerseits und die neue Arbeit von EMERSON [1929] andererseits), konnten nur Versuche mit wirklich chlorophyllfreien Spaltöffnungen, wie bei *Caladium* spec., eine Entscheidung erhoffen lassen. — In den folgenden Zeilen sind die Ergebnisse zusammengefaßt.

1. Die Stomata waren bei Belichtung (weiß, $i = 19000$) und hoher Luftfeuchtigkeit (Temperatur $= 29^0$ C, relative Feuchtigkeit $= 96\%$) geöffnet; bei anschließender *Verdunkelung* trat *keine Verengerung* der Spaltweite ein.

2. *Reaktionsunterschiede*, wie sie an chlorophyllführenden Schließzellen in den einzelnen Spektralbezirken auftraten, waren *hier nicht festzustellen*.

3. Auf *Belichtung* (weiß, $i = 19000$) von dunkeladaptiertem Material (Temperatur $= 29^0$ C, relative Feuchtigkeit $= 96\%$) trat bei konstanten Temperatur- und Feuchtigkeitsverhältnissen keine Veränderung der Spaltweite ein; die Spalten blieben gleich weit geöffnet.

4. Eine Veränderung der Spaltweite trotz konstanter Beleuchtungsintensität und gleicher -qualität trat bei Veränderung der Luftfeuchtigkeit ein, eine Verminderung der Luftfeuchtigkeit bedingte Schließbewegung, eine Erhöhung Öffnungsbewegung.

Wenn die Lichtreaktion der Stomata als Reizerscheinung angesehen würde, brauchte die Anwesenheit von Chlorophyll für deren Ablauf nicht die „conditio sine qua non" zu sein; tatsächlich aber bleibt die Reaktion dann aus. Weiter läßt sich aber auch die starke Wirkung des Rot auf die Öffnungsbewegung nicht mit der Lichtreiztheorie in Einklang bringen, denn nach den bisherigen reizphysiologischen Ergebnissen mit den verschiedensten Pflanzen und Organen kommt dem roten Licht nur ein geringer Reizwert zu. Wenn die stomatäre Reaktion eine Reizreaktion wäre, hätte bei den Versuchen mit *Caladium* spec. im blaugrünen und blauen Licht entsprechend den größeren Reizwerten dieser Spektralbezirke ein Reizerfolg eintreten müssen, der sich aber nicht zeigte.

Die Resultate lassen eindeutig erkennen, daß die chlorophyllfreien Schließzellen von *Caladium* spec. ihre Reaktionsfähigkeit auf Belichtungsänderung verloren haben, und daß ihnen lediglich eine Regulation bei Feuchtigkeitsveränderungen zukommt. Die richtige Beobachtung KÜMMLERS (1922) über die „Fähigkeit einer maximalen Öffnung" von, nach seiner Meinung, chlorophyllfreien Schließzellen erscheint hiernach in einem anderen Lichte als bisher. Wie weit der von ihm beobachtete „Dunkelverschluß" auf eventuelle Änderungen der Luftfeuchtigkeit während der Messung oder auf solche der Wasserbilanz des Zweiges innerhalb der Expositionszeit zurückzuführen ist, kann infolge Fehlens der einschlägigen Angaben nicht beurteilt werden; eine Dunkelreaktion konnte bei *Caladium* spec. nicht beobachtet werden.

Die Ergebnisse der Untersuchungen an dem panaschierten *Caladium* spec. weisen erneut darauf hin, daß bei den Lichtreaktionen von Schließzellen die Gegenwart von Chlorophyll und damit die Absorption des Lichtes durch Chlorophyll eine notwendige Voraussetzung ist.

Die Ergebnisse von ILJIN (1915) und STEINBERGER (1920) zeigen, daß die Öffnungsbewegungen der Stomata mit Turgorsteigerungen in den Schließzellen verbunden sind. Meine Untersuchungen (Tabelle 47) lassen bei Bestrahlungen mit verschiedenen Intensitäten und Zeiten eine Reaktion erkennen, deren Effekt mit wachsendem Produkt $(i \cdot t)$ vergrößert wird. Diese Gleichsinnigkeit der Veränderung herrscht in der motorischen Phase, bevor eine Adaptation eingetreten ist.

SCHELLENBERG (1896) findet, daß sich in einem CO_2-freien Luftstrome die Spalten schließen, was von HAGEN (1916) bestätigt wird.

Der Vorgang der Spaltenöffnung bei Belichtung scheint nach den vorliegenden Resultaten durch einen mit der CO_2-Assimilation zusammenhängenden Vorgang eingeleitet zu werden. Daher lag der Gedanke nahe, zu versuchen, eine Bestätigung dieser Annahme durch Versuche in CO_2-freiem Medium zu finden.

Die atmosphärische Luft wurde zu diesem Zwecke durch Waschflaschen geleitet, die mit konzentrierter Kalilauge gefüllt waren; anschließend passierte der Luftstrom Barytlauge und eine konzentrierte Kochsalzlösung und gelangte dann in eine Glasglocke von etwa 13 l Volumen, die ihrerseits wieder durch eine Glasröhre mit der Außenluft in Verbindung stand. Unter dieser Glocke wurde die Pflanze mit Porometer montiert. — Bevor die CO_2-freie Luft konstant zugeführt wurde, wurde die Glocke fünfmal evakuiert.

Die Atmungskohlensäure innerhalb der Blätter wurde weder bestimmt, noch ließ sie sich beseitigen. Bei Versuchen mit Zuführung CO_2-freier Luft stand den Plastiden jedenfalls ein Bruchteil der Atmungskohlensäure der Schließzellen zur Verfügung; bei Zuführung atmosphärischer Luft wurde dieses Kohlensäurequantum nur in einem bei gleichen Bedingungen wohl gleichen, von mir jedoch nicht bestimmten Verhältnis erhöht, das größer sein wird als das Verhältnis zwischen verbrauchter Kohlensäure belichteter Pflanzen in Luft zu erzeugter Kohlensäure in verdunkelten Pflanzen; es wird nach bisherigen Erfahrungen kleiner als 120/1 sein.

Die von mir nach der beschriebenen Methode in CO_2-freiem Medium ausgeführten Versuche können aus besagten Gründen keinen Anspruch auf quantitative Exaktheit erheben, da dieses Verhältnis nicht bestimmt wurde.

Die gleiche Überlegung gilt auch für die CO_2-Freiheit der von SCHELLENBERG (1896) und HAGEN (1916) ausgeführten Versuche; beide Autoren stellen einen Verschluß in CO_2-freier Luft fest. Der von FR. DARWIN (1898), LINSBAUER (1917) und VAN SLOGTEREN (1927) in CO_2-angereicherter Luft festgestellte Spaltverschluß ist eventuell schon als Vergiftungserscheinung anzusehen. Da bei den älteren Arbeiten keine Angaben über Schwankungen der Luftfeuchtigkeit während des Versuches gemacht sind, könnten auch hierin Fehler begründet sein.

Aus den Ergebnissen sowohl von oberseitigen als auch von unterseitigen Belichtungen läßt sich mit Bestimmtheit sagen, daß bei allein zur Verfügung stehender Atmungskohlensäure die Öffnungsweite der Stomata bei gleicher Belichtung und Luftfeuchtigkeit geringer ist als bei dauernder Zufuhr der in atmosphärischer Luft enthaltenen Kohlensäure, daß aber auch bei bloßer Anwesenheit von Atmungskohlensäure ein Öffnen der Spalten dunkel gestellter Pflanzen erfolgt.

Nimmt man an, daß bei der Atmung Stoffe gleicher Molekülgrößen zu CO_2 oxydiert werden, wie bei der Assimilation neu gebildet, so muß, wenn nur ein Teil der Atmungskohlensäure der Schließzellen, die nicht restlos den Plastiden zur Verfügung steht, assimiliert wird, die Menge osmotisch wirksamer Substanz abnehmen. Danach ist es nicht wahrscheinlich, daß die Wirkung des Lichtes auf die Spaltöffnungen durch direkte Bildung von osmotisch wirksamen Substanzen zu erklären ist.

Da eine Zuführung von CO_2-haltiger Luft die Öffnungsweite erhöht, ist weiter der Schluß erlaubt, daß die Wirkung des Lichtes nicht nur mit dessen durch das Chlorophyll aufgenommenen Energie, sondern mit dem photochemischen Vorgang der CO_2-Assimilation verknüpft ist.

Eine Bildung osmotisch wirksamer Assimilate in den Schließzellen über den Betrag der in den Schließzellen selbst durch Atmung verbrauchten hinaus könnte indes bei Zuführung CO_2-freier Luft vielleicht angenommen werden, wenn die von den an die Schließzellen angrenzenden Epidermiszellen gebildete Atmungskohlensäure, die zum Teil zu den Plastiden der Schließzellen gelangen kann, in Rechnung gezogen wird, vor allem, falls die Atmung der Schließzellen klein sein sollte gegenüber derjenigen der farblosen Epidermiszellen. Da diesen bei Zufuhr CO_2-freier Luft von den anliegenden grünen Zellen weniger Assimilate als bei Gegenwart von CO_2 in der Außenluft zugeführt werden dürften, ist eine Verringerung des osmotischen Wertes der den Schließzellen benachbarten

Epidermiszellen nicht unwahrscheinlich, worauf die Spaltenöffnung bei Belichten im CO_2-freien Raum teilweise mit zurückgeführt werden könnte.

In CO_2-freier wie CO_2-haltiger die Blätter umspülender Atmosphäre kann also *unter bestimmten Voraussetzungen* die Bildung eines Überschusses an osmotisch wirkenden Substanzen gegenüber den benachbarten Epidermiszellen durch CO_2-Assimilation angenommen werden.

Doch dürfte diese direkte Wirkung der Assimilation auf die Spaltöffnungsregulation zurücktreten gegenüber der Wirkung des Lichtes auf die Stärkehydrolyse in den Schließzellen.

Meine Untersuchungen über die Stärkeverhältnisse ergeben folgendes Bild: In den Gebieten der Assimilationsmaxima wird nach Belichtung bis zur Adaptation wenig Stärke in den Schließzellen gefunden, während in Bereichen des Spektrums, die assimilatorisch wenig wirksam sind (Grün1, Ultrarot, Nichtbestrahlung), große Stärkeanreicherung vorhanden ist; die Spalten sind hier geschlossen. Durch Belichtung geschlossener Stomata wird die in den Schließzellen angereicherte Stärke vermindert. — LLOYD (1908) erkannte bereits, daß sich in den Schließzellen des Spaltapparates ein Stärkeauf- und -abbau abspielt, der sich von dem in den übrigen chlorophyllführenden Zellen des Blattes stark unterscheidet. Über seine Beobachtungen bezüglich der Schwankungen des Stärkegehaltes zu verschiedenen Tageszeiten sagt er: „ ... daß der osmotische Wert innerhalb der Schließzellen quantitativ verschieden ist von dem gewöhnlicher Chlorenchymzellen. Die Plastiden des Stomas speichern im allgemeinen Stärke unter Bedingungen, unter denen es die Plastiden der Chlorenchymzellen nicht tun" (übersetzt). — Dieser Antagonismus wird durch NIKOLIĆ (1925) wie folgt dargestellt: „Die Öffnung der Spalten geschieht bei optimalen Verhältnissen sehr rasch; dabei wird in den Chloroplasten der Schließzellen Stärke *abgebaut*, während die Chloroplasten anderer Zellen im Lichte Stärke *aufbauen*". — Nach URSPRUNG (1917, 1918) ist die Förderung von Atmung und Diastasetätigkeit im infraroten Bezirke erwiesen. Er findet (1918) in diesem Bezirk auch Stärkebildung, wobei er aber ausdrücklich angibt, daß bei der Verwendung der Ebonitplatte nicht jeder Versuch gelungen sei; es dürfen „weder zu viel, noch zu wenig ultrarote Strahlen auf das Blatt fallen". — Nach den Untersuchungen von A. MEYER (1886) kann Stärke im Dunkeln aus verschiedenen Zuckerarten, Mannit und Glyzerin entstehen. ILJIN (1922) vermutet ihre Entstehung aus hochmolekularen Verbindungen mit Hilfe enzymatischer Stoffe.

Die Bildung der Stärke in den Schließzellen nach einem Verschluß und teilweise schon erfolgter Abführung der Zwischenprodukte kann aus den restlich vorhandenen Assimilaten erfolgen. Durch diesen Vorgang ist außerdem eine Turgorverminderung bedingt. Nach welchen Gesetzen die Stärkehydrolyse der so entstandenen Stärke in verschlossenen Stomata bei anschließender Belichtung abläuft, ist nicht klar. Nach den vorliegenden Untersuchungen könnte man dazu neigen, etwa eine regulatorische Enzymbildung oder Aktivierung auf Belichtung zu vermuten. — Da nach unseren bisherigen Kenntnissen über stärkelösende Enzyme anzunehmen ist, daß sie selbst farblos sind, aber ferner besonders rote und blaue Strahlen eine Lösung der Stärke in den Schließzellen veranlassen, liegt der Gedanke nahe, daß der Vorgang der Stärkehydrolyse durch ein Enzym mit der Lichtabsorption durch das Chlorophyll gekoppelt ist, wobei wohl weniger an eine Photosensibilisierung, also eine Energieübertragung vom aktivierten Chlorophyll auf ein Enzym als an eine Änderung des Milieus für die Enzymwirkung zu denken ist.

Die Untersuchungen von LEITGEB (1886), der ein Lichtoptimum gefunden zu haben glaubte, bei dessen Überschreitung eine Schließbewegung beginnt, wurden in diesem Punkte bereits von SCHWENDENER (1881) und SCHELLENBERG (1896) widerlegt. Wahrscheinlich liegt die Ursache der Resultate LEITGEBs in einer ungenügenden Konstanz der Feuchtigkeitsverhältnisse, über die aus seinen Ausführungen nichts zu entnehmen ist. — Meine Untersuchungen lassen ebenfalls kein Lichtoptimum vermuten.

LEITGEB (1886) gelangt im Gegensatz zu AMICI (1824), v. MOHL (1856), SCHWENDENER (1897), SCHELLENBERG (1896) zu dem Ergebnis, daß viele Pflanzen keinen vollkommenen Dunkelverschluß einleiten. Die Richtigkeit seiner Beobachtung ist später von HABERLANDT (1887), STAHL (1884), F. DARWIN (1898), LIVINGSTONE and ESTABROCK (1912), MOLISCH (1912), STEIN (1913), NILSSON-EHLE (1914), LINSBAUER (1916), LOFTFIELD (1921), STEINBERGER (1922), WEBER (1923), NIKOLIC (1925) und STÅLFELT (1926) bestätigt worden. Aus den Porometerzeiten meines dunkeladaptierten Materials geht ebenfalls die Richtigkeit dieser Annahme hervor.

Die Untersuchungen mit Kurzbelichtung zeigen, daß die Wirkung von 10 Einzelbelichtungen mit 1 Sekunde Dauer fast völlig summiert werden, wenn Belichtungszeit zu Pause sich verhalten wie 1 : 1. Der Effekt ist annähernd gleich dem einer kontinuierlichen 10 Sekunden-Belichtung. — Dieses Ergebnis läßt den Schluß zu, daß es sich bei den Lichtreaktionen um Reizvorgänge handelt, die dem TALBOTschen Gesetz gehorchen. Doch liegt es näher, vor allem wegen der besonders starken Wirkung der vom Chlorophyll absorbierten Strahlen, die vorliegenden Resultate in der Richtung der von WARBURG (1919, II) ausgeführten Versuche über die Beeinflussung der CO_2-Assimilation bei intermittierender Belichtung zu diskutieren, obgleich WARBURG (Tabelle V, 2) bei hoher Intensität und Periodendauer von 1,5 Sekunden Mehrleistung des Lichtes bei intermittierender Belichtung von 36% fand, der hier eine Minderleistung von 10% gegenübersteht. Nun sind aber die Bedingungen für die Assimilation in den hier beschriebenen und WARBURGS Versuchen vor allem hinsichtlich der CO_2-Konzentration nicht ohne weiteres zu vergleichen. Während außerdem WARBURGS Resultate (1919, I) auf der sehr exakten Gasmanometermethode basieren, ist hier das einzige Kriterium für assimilatorische Vorgänge die Spaltbewegung, die, wenn sie auch abhängig ist vom Assimilationsvorgang, nicht gleichsinnig mit ihm zu verlaufen braucht, da eine *sekundäre* Wirkung der Assimilation, nämlich die Stärkehydrolyse eine ausschlaggebende Rolle bei der Spaltöffnung durch Belichten spielt.

Das Ergebnis von Versuch Nr. 44 (Abb. 9) läßt im Ablauf der Stomatärbewegung eine Reaktion erkennen, die, wie bereits erwähnt, einer *dauernden Energiezufuhr* bedarf. Aus Abb. 9 ist ersichtlich, daß nach einer Unterbrechung der Exposition eine Schließbewegung eintritt, die sich um so weiter einem vollkommenen Verschluß nähert, je länger die Dunkelperiode andauert. Mit neu einsetzender Belichtung verläuft die Bewegung wieder im Sinne der Öffnung, bis sie in der Nähe der Adaptationsweite aufhört. — Das aus Abb. 10 ersichtliche Anwachsen des Reaktionserfolges mit steigendem $i \cdot t$ ist nicht etwa unbedingt als Argument für eine Reizreaktion an-

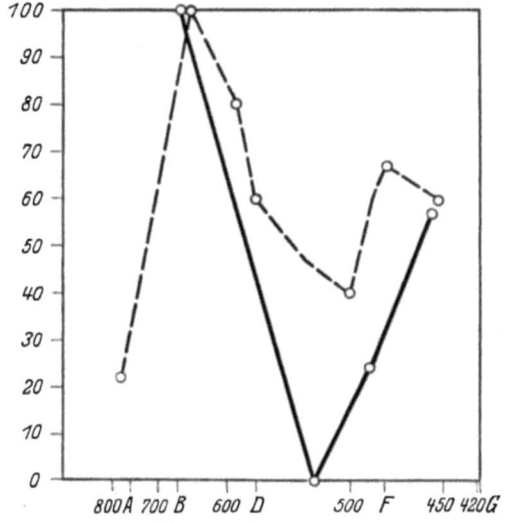

Abb. 13. Relative Wirkung der Lichtqualität auf Spaltenöffnung und Assimilation. Die punktierte Linie stellt die Assimilationskurve grüner Zellen nach ENGELMANN dar (Taf. II, Fig. 1). Die ausgezogene Linie stellt die durch graphische Interpolation aus den Kurven der untersuchten Arten gewonnenen Mittelwerte der Wirksamkeit dar.

zuführen, da sich bekanntlich Reaktionen, die dem Produktgesetz gehorchen, auch in Gebieten der Chemie und Physik finden. Eine ernsthafte Diskussion im Sinne einer Reizreaktion scheint mir nach diesen Ergebnissen nicht mehr in Frage zu kommen.

In der vorstehenden Abb. 13 sind zum Vergleich einzelne Punkte des Spektrums mit der jeweilig resultierenden Spaltweite einerseits und der entsprechenden durchschnittlichen Assimilationsgröße (nach ENGELMANN 1884) andererseits dargestellt.

Die Annahme LINSBAUERS (1917), daß das Licht lediglich als Reizmittel bei den Bewegungsvorgängen der Schließzellen zu betrachten ist, konnte durch die vorliegenden Untersuchungen nicht bestätigt werden. Die starke Wirkung des roten Spektralbezirkes, dem bekanntlich ein sehr geringer Reizwert zukommt, ist ein Argument gegen die Annahme LINSBAUERS. — Aus der Notwendigkeit einer dauernden Energiezufuhr zur Erhaltung einer vorhandenen Spaltweite und aus dem Zusammenfallen der spektralen Assimilationsmaxima und -minima mit deren Wirkung auf die Schließzellen ist die Öffnungsbewegung mit Sicherheit als ein Vorgang zu betrachten, der *nicht als Reizbewegung* gelten kann. Die überwiegende Wirkung des roten Spektralbezirkes und der sehr geringe Einfluß der grünen Strahlen lassen in der Lichtreaktion der Stomata eher, wie bereits am Anfang dieses Abschnittes erwähnt ist, einen Vorgang vermuten, der der Assimilationsfunktion nahe steht. — SCHWENDENER (1881), der in seinen Ausführungen über die Mechanik der Spaltöffnungen nicht zu der Alternative zwischen Reizvorgang und photosynthetischem Vorgang gelangte, gebührt das Verdienst, bereits vor einem halben Jahrhundert die Lichtreaktionen der Stomata mit chlorophyllhaltigen Schließzellen als Assimilationserscheinung gedeutet zu haben.

V. Zusammenfassung der wichtigsten Ergebnisse.

A 1. Die Beobachtungen mit Hilfe des Opakilluminators zeigen, daß die relative Feuchtigkeit der Luft von Einfluß auf die Stomatärbewegungen ist; es ist jedoch unmöglich, unter Eliminierung des Lichtes, allein durch Veränderung der Luftfeuchtigkeit beliebig große Spaltweiten zu erreichen. Die Öffnungs- und Schließreaktionen verlaufen nicht kontinuierlich, sondern sind Bewegungen, die kleine Schwankungen aufweisen. Die Beobachtungen der Spannungsphase ergeben die schwierige Kontrollierbarkeit dieses Teiles der Öffnungsbewegung. Vor Eintritt der motorischen Phase ist keine bedeutende metrische Änderung mit Ausnahme einer Verbreiterung der Schließzellen festzustellen. Die Beobachtungen innerhalb dieser Phase bestätigen die bereits von STÅLFELT (1927) erwähnten Unregelmäßigkeiten und Schwankungen, die in der motorischen Phase nicht mehr auftreten.

Als Beobachtungslicht, welches sehr geringen Einfluß auf die Stomata von *Oxalis lasiandra* und keinen merkbaren auf die übrigen Objekte hat, wird Grün 1 verwendet.

A 2. Die Untersuchungen über die Stärkebilanz ergeben bei geschlossenen Spalten ein Maximum, bei geöffneten ein Minimum in den Schließzellen. Die Stärkehydrolyse findet vorwiegend in den Gebieten des Rot und Blau, also bei den Maximis der Lichtabsorption durch das Chlorophyll statt.

A 3. Es ist möglich, durch Bestrahlung mit bestimmten Intensitäten Adaptationen der Spalten in verschiedenen Weiten herbeizuführen, die ungefähr 8 Stunden lang andauern und dann durch eine Schließbewegung abgelöst werden. Eine Intensitätsverminderung innerhalb des Adaptationszustandes bedingt eine sofortige Schließbewegung.

Öffnungsweite und bekannten Intensitäten bestimmter Spektralbezirke. 661

A 4. Ein Vergleich der Strömungsgeschwindigkeiten im Porometer mit direkten Messungen der Spaltweite bei gleicher Adaptationsintensität mit Hilfe des Opakilluminators zeigt, daß die Durchströmungsgeschwindigkeit bei nicht zu weiten Spalten von *Tradescantia fluminensis* und *Zea Mays* eine Funktion etwa der 3. Potenz der Spaltweite ist.

A 5. Mit Hilfe der Kompensationsmethode sind folgende Wirkungsverhältnisse bei gleichen Intensitäten der einzelnen Spektralbezirke gefunden worden:

Wirkungsverhältnisse bei gleichen Intensitäten der einzelnen Spektralbezirke.
(Rot = 100 gesetzt.)

Material	Rot	Grün 1	Grün 2	Blau
Trades. flum	100	—	7,8	51,2
Oxalis las	100	(0,47)	10,4	61,5
Zea Mays	100	—	8,8	69,0
Opuntia cocc.	100	—	20,7	46,7

Die Bezirke des Ultrarot, Gelbgrün (ausschließlich *Oxalis lasiandra*), Gebiete von geringer assimilatorischer Wirkung sind bei den verwendeten Intensitäten auf die Bewegungsvorgänge der Stomata ohne Einfluß.

Die nicht nur bei gewöhnlicher Beleuchtung, wie bei anderen panaschierten Pflanzen, sondern, im Gegensatz zu diesen auch im Fluoreszenzmikroskop wirklich chlorophyllfreien Schließzellen einer panaschierten *Caladium*-Art zeigten weder im weißen Licht noch in monochromatischen Bezirken „Lichtreaktionen", während bei Abnahme oder Erhöhung der Luftfeuchtigkeit eine Verengerung bzw. Erweiterung der Spalten eintrat.

A 6. Nach den Ergebnissen von oberseitigen als auch unterseitigen Belichtungen *bei allein zur Verfügung stehender Atmungskohlensäure* (in CO_2-freier Luft) ist die Öffnungsweite der Stomata bei gleicher Belichtung und Luftfeuchtigkeit geringer als bei dauernder Zufuhr der in atmosphärischer Luft enthaltenen Kohlensäure.

B. Die Untersuchungen mit Kurzbelichtungen und intermittierender Belichtung lassen die Spaltbewegung nicht als Reizreaktion erklären.

Aus den verschiedenen mitgeteilten Befunden ergibt sich, daß die Öffnung der Stomata auf Belichtung nicht nur mit der Lichtabsorption durch das Chlorophyll, sondern auch mit der CO_2-Assimilation in den Schließzellen zusammenhängt.

Die vorliegende Arbeit wurde im Botanischen Institut der Universität Leipzig ausgeführt. Meinem hochverehrten Lehrer, Herrn Prof. Dr. W. RUHLAND spreche ich an dieser Stelle meinen aufrichtigen Dank aus für die mir bei der Ausführung der vorliegenden Untersuchungen in hohem Maße zuteil gewordene Anregung und Förderung, sowie für sein mir jederzeit bewiesenes Wohlwollen.

Es ist mir auch eine angenehme Pflicht, Herrn Prof. Dr. F. BACHMANN für seine mannigfachen Ratschläge zu danken.

VI. Literatur.

Amici, J. B.: Observations microscopiques sur diverses épèces. IV. De l'épiderme. Ann. Acad. natur. 2 (1824). — **Arends, Joh.:** Über den Einfluß chemischer Agenzien auf Stärkegehalt und osmotischen Wert der Spaltöffnungszellen. Planta 1 (1924). — **Arisz:** Untersuchungen über den Phototropismus. Rec. Trav. bot. néerl. 12 (1915). — **Bachmann, F.:** Studien über Dickenveränderung von Laubblättern. Jb. f. wiss. Bot. 61 (1922). — Über die Verwendung von Farbfiltern für pflanzenphysiologische Forschungen. Planta 9 (1929). — **Bakke, A. L.:** Studies on the transpiring powers of plants as indicated by the method of standardized hygrometric paper. J. Ecology 2 (1914). — **Balls:** The stomatograph. Proc. roy. Soc. Lond. 85 (1912). — **Becquerel:** Ann. Chim. et Phys. 30 (1883). — **Beikirch, H.:** Die Abhängigkeit des Protoplasmaströmung von Licht und Temperatur und ihre Bedingtheit durch andere Faktoren. Bot. Archiv 12 (1925). — **Benecke, W.:** Die Nebenzellen der Spaltöffnungen. Diss. Jena 1892. — **Blaauw, A. H.:** Die Perception des Lichtes. Rec. Trav. bot. néerl. 1909. — **Brauner, L.:** Über die Beziehungen zwischen Reizmenge und Reizerfolg. Jb. f. wiss. Bot. 64 (1925). — **Brown:** Lichtfilter. Biochem. J. 2 (1917). — **Brown a. Escombe:** Philos. Trans. roy. Soc. Lond. 193 (1900). — **Buck, P. D.:** Beiträge zur vergleichenden Anatomie des Durchlüftungssystems. Diss. Freiburg (Schweiz.) 1912. — **Buder, J.:** Kinematographische Registratur mit dunkelstem Rot und kurzer Belichtung. Ber. dtsch. bot. Ges. 1926. — **Burgerstein, A.:** Die Transpiration der Pflanzen. Jena 1904, 1920, 1925. — Der Einfluß des Lichtes verschiedener Brechbarkeit auf die Bildung von Farnprothallien. Ber. dtsch. bot. Ges. 26 (1908). — Änderungen der Spaltöffnungsweite unter dem Einfluß verschiedener Bedingungen. Verh. zool.-bot. Ges. Wien 70 (1920). — **Clements a. Loftfield:** The water cycle in plants. Carnegie Inst. Washington, Year book Nr 22 (1922/23). — **Comes, O.:** Influence de la lumière sur la transpiration des plantes. C. r. Acad. Sci. Paris 88 (1880). — **Czech:** Untersuchungen über die Zahlenverhältnisse und die Verbreitung der Stomata. Österr. bot. Z. 27 (1885). — Über die Funktion der Stomata. Ebenda 27 (1869). — **Darwin, Fr. a. Pertz:** On a new method of estimating the aperture of stomata. Proc. Soc. Bot. 84 (1911). — **Darwin, Fr.:** Philos. Trans. roy. Soc. Bot. 19 (A), 531 (1898). — On the relation between transpiration and stomatal aperture. Ebenda, Ser. B, 207 (1916). — **Dehérain, P.:** Sur l'influence, qu'exercent divers rayons lumineux sur la décomposition de l'acide carbonique et l'évaporation de l'eau par les feuilles. C. r. Acad. Sci. Paris 69 (1869). — **Dengler:** Eine neue Methode zum Nachweis der Spaltöffnungsbewegungen bei Coniferen. Ber. dtsch. bot. Ges. 30 (1912). — **Ebert, O.:** Die Transpiration der Pflanzen und ihre Abhängigkeit von äußeren Bedingungen. Marburg 1889. — **Eckerson, S.:** The number and size of stomata. Bot. Gaz. 46 (1908). — **Emerson, R.:** Photosynthesis as a function of light intensity and of temperature with different concentrations of chlorophyll. J. gen. Physiol. 7, Nr 5 (1929). — **Engelmann, Th.:** Untersuchungen über die quantitativen Beziehungen zwischen Absorption des Lichts und Assimilation in Pflanzenzellen. Bot. Ztg 1884. — **Faber, F. C.** (1923): Zur Physiologie der Mangroven. Ber. dtsch. bot. Ges. 41 (1923). — **Förster, K.:** Die Wirkung äußerer Faktoren auf die Entwicklung und Gestaltbildung bei *Marchantia polymorpha*. Planta 3 (1927). — **Gradmann, J.:** Die Windschutzeinrichtungen der Pflanzen. Jb. f. wiss. Bot. 62 (1923). — **Graefe u. Richter:** Über den Einfluß von Narkoticis auf die chemische Zusammensetzung der Pflanzen. Sitzgsber. Akad. Wiss. Wien, Math.-naturwiss. Kl. 1911. — **Gray** a. **Peirce:** The influence of light upon the action of stomata and its relation to the transpiration of certain grains. Amer. J. Bot. **61** (1919). — **Haberlandt, G.:** Zur Kenntnis des Spaltöffnungsapparates. Flora **45** (1887). — Physiologische Pflanzenanatomie. Leipzig 1910. — Zur Entwicklungsgeschichte des Spaltöffnungsapparates. Sitzgsber. preuß. Akad. Wiss., Physik.-math. Kl. **32** (1924). — **Hagen, F.:** Zur Physiologie des Spaltöffnungsapparates. Beitr. allg. Bot. (1918). — **Hamorack, N.:** Beiträge zur Mikrochemie des Spaltöffnungsapparates. Sitzgsber. Akad. Wiss. Wien, Math.-naturwiss. Kl. **124** (1915). — **Harder, R.:** Über die Bedeutung von Lichtintensität und Wellenlänge für die Assimilation farbiger Algen. Z. f. Bot. **15** (1923). — **Heilbronn, M.:** Die Spaltöffnungen von *Camellia japonica*. Ber. dtsch. bot. Ges. **34** (1916). — **Henslow, G.:** A contribution to the study of the relative effects of different parts of the solar spectrum on the transpiration of plants. J. Linnean Soc. Bot. Lond. **22** (1886). — **Holtermann:** Anatomisch- physiologische Untersuchungen in den Tropen. Sitzgsber. preuß. Akad. Wiss., Physik.-math. Kl. 1902. — **v. Höhnel:** Über den Gang des Wassergehaltes und der Transpiration bei der Entwicklung des Blattes. Separatdruck aus „Forschung auf dem Gebiete der Agrikulturphysik" **1**, H. 4 (1878). — **Hübl, A.:** Lichtfilter. Halle 1921. — **Iljin, W.:** Die Regulierung der Spaltöffnungen im Zusammenhang mit der Veränderung der osmotischen Druckes. Beih. Bot. Zbl. **32** (1914). — 1. Über den Einfluß des Welkens der Pflanzen auf die Registrierung der Spaltöffnungen. Jb. f. wiss. Bot. **61** (1922). — 2. Die Wirkung hochkonzentrierter Lösungen auf die Stärkebildung in den Schließzellen. Ebenda (1922). — 3. Synthese und Hydrolyse der Stärke unter dem Einfluß der Anionen von Salzen in Pflanzen. Biochem. Z. 1922. — **Immich, E.:** Zur Entwicklungsgeschichte der Spaltöffnungen. Flora **45** (1887). — **Iwanoff** u. **Thielmann:** Über den Einfluß des Lichtes verschiedener Wellenlängen auf die Transpiration der Pflanzen. Ebenda 1923. — **Kamerling:** On the regulation of the transpiration of *Nic. alb.* and *P. Cassythe*. Proc. kon. Akad. Wetensch. Amsterd. 1914. — **Kareltschikoff, S.:** Über die Verteilung der Spaltöffnungen auf den Blättern. Bull. Soc. imp. Nat. Moscou, Nr 1. Moskau 1886. — **Kerl:** Ein Beitrag zur Kenntnis der Spaltöffnungen. Planta **9** (1929). — **Kindermann, V.:** Über die auffallende Widerstandskraft der Schließzellen gegen schädliche Einflüsse. Sitzgsber. Akad. Wiss. Wien, Math.-naturwiss. Kl. 1902. — **Kisselew, N.:** Veränderung der Durchlässigkeit des Protoplasmas der Schließzellen im Zusammenhang mit stomatären Bewegungen. Beih. Bot. Zbl. **41**. — **Kluyver, A. J.:** Beobachtungen über die Einwirkung von ultravioletten Strahlen auf höhere Pflanzen. Sitzgsber. Akad. Wiss. Wien, Math.-naturwiss. Kl. **120** (1911). — **Knight:** A convenient modification of the Porometer. New Phytologist **14** (1915). — On the use of the Porometer in stomatal investigations. Ann. of Bot. **30** (1916). — Further observations on the transpiration, stomata, leaf water content and wilting of plants. Ebenda **36** (1922). — **Kohl:** Zur Mechanik der Spaltöffnungen. Bot. Beibl. Leopoldina 1895. — **Kommerell, E.:** Quantitative Versuche über den Einfluß des Lichtes verschiedener Wellenlänge auf die Keimung von Samen. Jb. f. wiss. Bot. **36** (1927). — **Koningsberger:** Lichtintensität und Lichtempfindlichkeit. Rec. Trav. bot. néerl. **20** (1923). — **Kopaczewski:** L'influence des acides sur l'activité de la maltase dialysée. Ann. Inst. Pasteur **29** (1915). — **Laidlaw** a. **Knight:** A description of a recording porometer. Ann. of Bot. **30** (1916). — **Landolt** u. **Börnstein:** Phys.-chem. Tabellen. Berlin 1923. — **Lebedincew, A.:** Physiologische und anatomische Besonderheiten der in trockner und in feuchter Luft gezogenen Pflanzen. Ber. dtsch. bot. Ges. **45** (1927). — **Lehmann, E.** u. **Rao Lakshama:** Über die Gültigkeit des Produktgesetzes bei der Lichtkeimung von *Lythrum Salicaria*. Ebenda **42** (1924). — **Leick, E.:** 1. Über das verschiedenartige Verhalten der unterseitigen und oberseitigen Spaltöffnungen desselben Blattes. Ebenda 45 (1927). — 2. Ein neues Universal-Doppelporometer. Ebenda 1927. — 3. Untersuchungen über den Einfluß des Lichtes auf die Öffnungsweite ober- und unterseitiger Stomata desselben Blattes. Jb. f. wiss. Bot. 67 (1927). — **Leitgeb, H.**: Beiträge zur Physiologie des Spaltöffnungsapparates. Mitt. Bot. Inst. Graz 1 (1888). — **Lepeschkin**: Zur Kenntnis des Mechanismus der photonastischen Variationsbewegungen und der Einwirkung des Beleuchtungswechsels auf die Plasmamembran. Beih. Bot. Zbl. 24, Abt. I (1909). — **Linsbauer, K.**: Beiträge zur Kenntnis der Spaltöffnungsbewegungen. Flora 1917. — Über die Physiologie der Spaltöffnungen. Naturwiss. 6 (1918). — **Livingstone a. Estabrock**: Observations on the degree of stomatal movement in certain plants. Bull. Torrey bot. Club 34 (1922). — **Lloyd, F. E.**: The Physiology of Stomata. Carnegie Inst. Washington 1908, Publ. Nr 82. — **Loftfield, J. V. G.**: 1. The Behaviour of Stomata. Ebenda 1921. — 2. Transpiration and stomatal movement in *Cereus giganteus* and their correlation with variations in steam diameter. Ebenda 1921. — **Maige, A.**: Remarques au sujet de la formation et de la digestion de l'amidon dans les cellules végétales. C. r. Acad. Sci. Paris 1923. — **v. Mohl, H.**: Über die Entwicklung der Spaltöffnungen. Linnaea 1838. — Welche Ursachen bewirken die Erweiterung und Verengerung der Spaltöffnungen. Bot. Ztg 14 (1856). — **Molisch, H.**: Untersuchungen über das Erfrieren der Pflanzen. Jena 1879. — Das Offen- und Geschlossensein der Spaltöffnungen, veranschaulicht durch eine neue Methode. Z. f. Bot. 4 (1912). — Über den Einfluß der Transpiration auf das Verschwinden der Stärke in den Blättern. Ber. dtsch. bot. Ges. 39 (1921). — **Montfort, C.**: Der Einfluß ausgeglichener Salzlösungen auf Mesophyll und Schließzellen. Jb. f. wiss. Bot. 65 (1926). — **Müller, N. J. C.**: Die Anatomie und Mechanik der Spaltöffnungen. Ebenda 8 (1872). — **Nathansohn** u. **Pringsheim**: Über die Summation intermittierender Lichtreize. Ebenda 45 (1918). **Neger, Fr. W.**: Spaltöffnungsverschluß und künstliche Turgorsteigerung. Ber. dtsch. bot. Ges. 30 (1912). — **Neger** u. **Fuchs**: Untersuchungen über den Nadelfall der Coniferen. Jb. f. wiss. Bot. 55 (1915). — **Nelson, J.**: Selfrecording Porometer and Potometer. New Phytologist 13 (1914). — **Nikolič, N.**: 1. Beiträge zur Physiologie der Spaltöffnungsbewegung. Beih. Bot. Zbl. 41 (1925). — 2. Über die Beziehung der Stomatärbewegung zur Lichtintensität. Ebenda 41 (1925). — **Nilsson-Ehle**: Spaltöffnungsstudien bei schwedischen Sumpfpflanzen. Lunds. Univ. Arskr. 1914. — **Nobbe, F.**: Über den Wasserverbrauch zweijähriger Erlen unter verschiedenen Beleuchtungsbedingungen. Landw. Versuchsstat. 26 (1881). — **Pringsheim**: Über die Herstellung von Gelatinefiltern. Ber. dtsch. bot. Ges. 37 (1919). — **Rehfous**: Etude sur les stomates. Thèse. Génève 1917. — **Reinhard, A. W.**: Formation de l'amidon par les feuilles des plantes supérieures et présence de sucre dans les aliments. C. r. Soc. Biol. 89 (1923). — **Renner, O.**: Referat über Lloyd. Bot. Ztg 1905. — Beiträge zur Physik der Transpiration. Flora 100 (1910). — Zur Physik der Transpiration. Ber. dtsch. bot. Ges. 29 (1911). — **Rosing, M.**: Der Zucker- und Stärkegehalt in den Schließzellen offener und geschlossener Spaltöffnungen. Ebenda 26 (A) (1908). — **Rübel, E.**: Experimentelle Untersuchungen über die Beziehungen zwischen Wasserleitungsbahn und Transpirationsverhältnissen bei *Helianthus annuus*. Beih. Bot. Zbl. 37 (1920). — **Ruhland, W.**: Untersuchungen über die Hautdrüsen der Plumbaginaceen. Jb. f. wiss. Bot. 55 (1915). — **Sayre, J. D.**: Physiology of Stomata of *Rumex Patientia*. Science (N. Y.) 57 (1923). — **Schaefer**: Über den Einfluß des Turgors der Epidermiszellen auf die Funktion des Spaltöffnungsapparates. Jb. f. wiss. Bot. 19 (1888). — **Schellenberg**: Beiträge zur Kenntnis von Bau und Funktion der Spaltöffnungen. Bot. Ztg, Abt. I (1896). — **Schmetz**: Untersuchungen über den Einfluß einiger Außenfaktoren auf den Stärkeabbau im Laubblatt. Bot. Arch. 10

(1926). — **Schwendener, S.**: Über Bau und Mechanik der Spaltöffnungen. Mber. Berl. Akad. Wiss. 1881. — Die Spaltöffnungen der Gramineen und Cyperaceen. Sitzgsber. Berl. Akad. Wiss. 1889. — **Seybold, A.**: Die pflanzliche Transpiration. Erg. Biol. 5 (1929). — **Seckt**: Röntgenbestrahlung von *Tradescantia*. Ber. dtsch. bot. Ges. 20 (1902). — **Sierp**: Über die Lichtquellen bei pflanzenphysiologischen Versuchen. Biol. Zbl. 38 (1918). — **Sierp** u. **Noak**: Studien über die Physik der Transpiration. Jb. f. wiss. Bot. 1921. — **van Slogteren, E.**: De gasbeweging door het bļad in verband met stomata en intercellulaire ruimten. Groningen 1917. — **Smith, H. B.**: Stomatal behaviour of plants in the greenhouse in winter. Papers Michigan Acad. Sci. 2 (1923). — **Stahl, E.**: Einige Versuche über Transpiration und Assimilation. Bot. Ztg 1894. — **Stålfelt, M. G.**:. Die Abhängigkeit der „Stomatären Diffusionskapazität" von der Exposition der Objekte. Stockholm 1926. — Die photischen Reaktionen im Spaltöffnungsmechanismus. Flora 21 (1927). — Die Abhängigkeit der photischen Spaltöffnungsreaktionen von der Temperatur. Planta 6 (1928). — **Stein, E.**: Über Schwankungen stomatärer Öffnungsweite. Diss. Weida (Thür.) 1913. — **Steinberger**: Plasmolytische Bestimmungen der Turgorverhältnisse in Schließzellen. Diss. (maschinengesphr.) Jena. Univ.-Bibl. 1920. — Über Regulation des osmotischen Druckes in den Schließzellen von Luft- und Wasserspalten. Biol. Zbl. 42 (1922). — **Stephan, J.**: Untersuchungen über die Lichtwirkung bestimmter Spektralbezirke und bekannter Strahlungsintensitäten auf die Keimung. Planta 1928. — **Stöhr, A.**: Über das Vorkommen von Chlorophyll in der Epidermis der Phanerogamenlaubblätter. Sitzgsber. Akad. Wiss. Wien, Math.-naturwiss. Kl. 79 (1879). — **Strugger, S.** u. **Weber, F.**: Stärkeabbau im Mesophyll und in den Schließzellen. Ber. dtsch. bot. Ges. 43 (1925). — Zur Physiologie der Stomatanebenzellen. Ebenda 44 (1926). — **Timiriazeff**: Proc. roy. Soc. Lond. 1903. — **Tröndle, A.**: Der Einfluß des Lichts auf die Permeabilität der Plasmahaut. Jb. f. wiss. Bot. 48 (1910). — **Ursprung**: Über die Stärkebildung im Spektrum. Ber. dtsch. bot. Ges. 35 (1917). — Über die Bedeutung der Wellenlänge für die Stärkebildung. Ebenda 36 (1918). — **Ursprung** u. **Blum**: 1. Über die Verteilung des osmotischen Wertes in der Pflanze. Ebenda 34 (1916). — 2. Zur Methode der Saugkraftmessung. Ebenda 34 (1916). — **Voss, G.**: Über Unterschiede im anatomischen Bau der Spaltöffnungen auf Ober- und Unterseite der Laubblätter einiger Dikotylen. Diss. Bonn 1916. — **Warburg, O.**: Über die katalytischen Wirkungen der lebendigen Substanz. Berlin 1928. — **Warncke, F.**: Neue Beiträge zur Kenntnis der Spaltöffnungen. Diss. Kiel 1916. — **Weber, F.**: Über eine einfache Methode zur Veranschaulichung des Öffnungszustandes der Spaltöffnungen. Ber. dtsch. bot. Ges. 34 (1916). — Enzymatische Regulation der Spaltöffnungsbewegung. Naturwiss. 1923. — Zur Physiologie der Schließbewegung. Österr. bot. Z. 72 (1923). — Lageveränderungen der Chloroplasten in Schließzellen. Planta 1 (1925). — Plasmolyseform und Kernform funktionierender Schließzellen. Jb. f. wiss. Bot. 64 (1925). — Die Schließzellen. Sammelreferat in Arch. exper. Zellforschg. 3 (1926). — **Weigert** u. **Staude**: Über monochromatische Farbfilter. Hoppe-Seylers Z. Leipzig 1927. — **Weiss, A.**: Beiträge zur Kenntnis der Spaltöffnungen. Verh. zool.-bot. Ges. Wien 7 (1857). — Weitere Untersuchungen über Zahlen- und Größenverhältnisse der Spaltöffnungen. Sitzgsber. Akad. Wiss. Wien, Math.-naturwiss. Kl. 99 (1890). — **v. Wiesner, J.**: Untersuchungen über den Einfluß des Lichtes und der strahlenden Wärme auf die Transpiration der Pflanzen. Ebenda 74 (1876). — **Wiggans, R.**: Variations in the osmotic concentrations in the guard-cells during the opening and closing of stomata. Amer. J. Bot. 8 (1921). — **Willstaetter** u. **Stoll**: Untersuchungen über die Assimilation der Kohlensäure. Berlin 1918. — **Zycha, H.**: Über den Einfluß des Lichtes auf die Permeabilität von Blattzellen für Salze. Jb. f. wiss. Bot. 68.

LEBENSLAUF.

Am 27. Februar 1905 wurde ich in Plauen als Sohn des Spitzenfabrikanten ALFRED PAETZ (†) und seiner Ehefrau SELMA, geb. WOLF, geboren. Von Ostern 1911 bis 1915 besuchte ich die Volksschule und von 1915 bis 1924 die Oberrealschule meiner Heimatstadt.

Nach bestandener Reifeprüfung arbeitete ich ein Jahr lang als Werkstudent in der Weberei der Industriewerke Plauen. Ostern 1925 begann ich in Leipzig Naturwissenschaften zu studieren. Ich besuchte Vorlesungen und Übungen der Herren Professoren Doktoren: ALTROCK, BACHMANN, DÖLLKEN, FAHRENHOLZ, GRIMPE, HANTZSCH, HERMBERG, KOSSMAT, KRÜGER, LIPSIUS, LITT, MEISENHEIMER, RASSOW, RICHTER, RINNE, RUHLAND, SANDER, SCHNEIDER, SELLHEIM, SULZE, J. VOLKELT, WIENER (†).

Im Wintersemester 1927/28 begann ich unter Leitung von Herrn Professor Dr. W. RUHLAND die vorliegende Arbeit, die im Frühjahr 1929 abgeschlossen wurde.

Leipzig, Oktober 1929.   KURT W. PAETZ.

MIX
Papier aus verantwortungsvollen Quellen
Paper from responsible sources
FSC® C105338

If you have any concerns about our products,
you can contact us on
ProductSafety@springernature.com

In case Publisher is established outside the EU,
the EU authorized representative is:
**Springer Nature Customer Service Center GmbH
Europaplatz 3, 69115 Heidelberg, Germany**

Printed by Libri Plureos GmbH
in Hamburg, Germany